全国技工院校计算机类专业（中／高级技能层级）

电工与电子技术基础

（第四版）

习题册

主　编　朱春萍

中国劳动社会保障出版社

简介

本书是全国技工院校计算机类专业教材（中 / 高级技能层级）《电工与电子技术基础（第四版）》的配套习题册。

全书按照教材章节顺序编排，内容紧扣教材的教学要求，知识点分布均衡，题型丰富，难易适中，有助于学生复习巩固所学知识。

本书由朱春萍任主编，王振宁参与编写。

图书在版编目（CIP）数据

电工与电子技术基础（第四版）习题册 / 朱春萍主编. -- 北京：中国劳动社会保障出版社，2023

全国技工院校计算机类专业. 中 / 高级技能层级

ISBN 978-7-5167-6167-0

Ⅰ.①电… Ⅱ.①朱… Ⅲ.①电工技术－技工学校－习题集②电子技术－技工学校－习题集 Ⅳ.①TM-44②TN-44

中国国家版本馆 CIP 数据核字（2023）第 209689 号

中国劳动社会保障出版社出版发行

（北京市惠新东街 1 号 邮政编码：100029）

*

北京谊兴印刷有限公司印刷装订 新华书店经销

787 毫米 ×1092 毫米 16 开本 7 印张 138 千字

2023 年 11 月第 1 版 2025 年 5 月第 5 次印刷

定价：15.00 元

营销中心电话：400-606-6496

出版社网址：http://www.class.com.cn

http://jg.class.com.cn

目　录

CONTENTS

第一章
直 流 电 路

§1-1　电路及其基本物理量

一、填空题

1. 电路一般由________、________、________和________________四个部分组成。

2. 电路通常有________、________和________三种状态，其中________是非正常状态。

3. 电荷的______________形成电流，电流用符号________表示，国际单位是________，常用的单位还有________和________。

4. 电流不仅有________，而且有________，习惯上规定以________移动的方向为电流的方向。

5. 要使电路中有持续电流产生，必须有__________，而且电路应该是__________。

6. 电位是指电路中________与________之间的电压；电位与参考点的选择________关，电压与参考点的选择________关。

7. 已知 U_{ab}=−20 V，U_b=40 V，则 U_a=______ V；

已知 U_a=−30 V，U_b=20 V，则 U_{ab}=______ V；

已知 U_c=30 V，U_d=60 V，则 U_{cd}=______ V。

8. 对于电源来说，既有电动势，又有端电压，在图 1–1–1 中，这节电池的电动势方向是______________，端电压方向是____________，电动势大小是________ V。

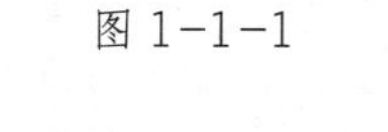

1.5V
a ○——|├——○ b

图 1–1–1

二、选择题

1. 下列说法中正确的是（　　）。

A. 电路中只要有电压，就会有电流

B. 电路处于开路状态时，电流为零，则电路两端的电压也为零

C. 电压是产生电流的必要条件

D. 以上都不对

2. 电路中任意两点间电位的差值称为（　　）。

A. 电动势　　B. 电位　　C. 电压　　D. 电势

3. 关于 U_{ab} 与 U_{ba}，下列叙述中正确的是（　　）。

A. 两者大小相同，方向一致　　B. 两者大小不同，方向一致

C. 两者大小相同，方向相反　　D. 两者大小不同，方向相反

4. 电路中任意两点间的电压高，则（　　）。

A. 这两点的电位都高　　B. 这两点间的电位差大

C. 这两点的电位都大于零　　D. 以上都不对

5. 当参考点改变时，下列电量也发生相应变化的是（　　）。

A. 电压　　B. 电位　　C. 电动势　　D. 以上都是

6. 如图 1–1–2 所示，已知 $U_a>U_b$，则下列说法中正确的为（　　）。

A. 实际电压方向为由 a 指向 b，$I>0$　　B. 实际电压方向为由 b 指向 a，$I<0$

C. 实际电压方向为由 b 指向 a，$I>0$　　D. 实际电压方向为由 a 指向 b，$I<0$

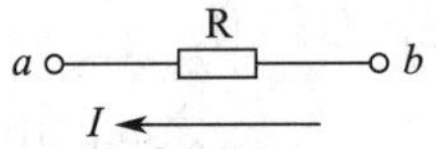

图 1–1–2

三、判断题

1. 导体两端有电压，导体中才会产生电流。（　　）

2. 如果把一个 6 V 的电源正极接地，则其负极电压为 –6 V。（　　）

3. 使用任何电池时，绝对不允许用导线直接把电池两极连接起来。（　　）

4. 没有电压就没有电流，没有电流就没有电压。（　　）

5. 电路中某点的电位值与参考点的选择无关。（　　）

6. 电动势的方向是在电源内部从正极指向负极的方向。（　　）

7. 电流的方向和大小都不随时间改变的电流叫作直流电。（　　）

四、问答题

1. 用电流表测量电流时，有哪些注意事项？

2. 已知图 1–1–3a 中，U=5 V；图 1–1–3b 中，U=–2 V；图 1–1–3c 中，U_{ab}=–4 V。试指出电压的实际方向。

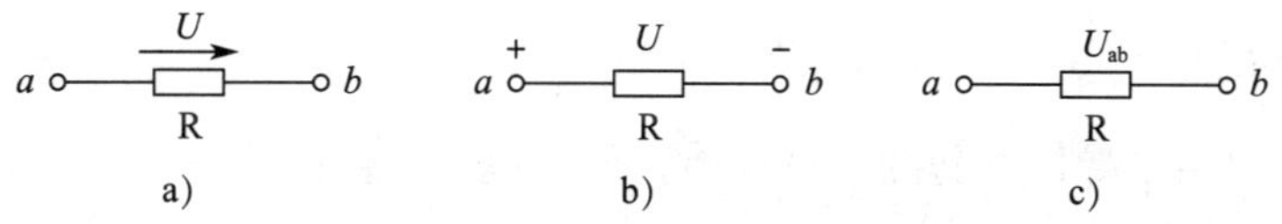

图 1–1–3

五、计算题

图 1–1–4 所示为某段电路。

1. 若以 C 点为参考点，则 U_A、U_B、U_C、U_{AB}、U_{BC}、U_{AC} 各为多少？

2. 若以 B 点为参考点，则 U_A、U_B、U_C、U_{AB}、U_{BC}、U_{AC} 又各为多少？

3. 试比较上述两小题的结果，可得出什么结论？

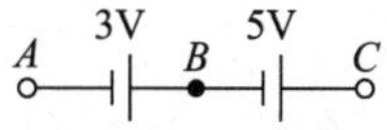

图 1–1–4

§1-2　电阻与电导

一、填空题

1. 导体对电流的________作用称为电阻，用符号______表示，单位是______。

2. 导体的电阻与导体的长度成________比，与导体的横截面面积成______比，还与____________有关。

3. 电阻率的大小反映了物体的__________能力，根据电阻率不同，将物体分为导体、半导体和绝缘体，如铜是________体，玻璃是______体，硅是______体。

4. 五色环电阻器“33 k ± 1%”，此电阻的第一环色环颜色是______色，第二环色环颜色是______色，第三环色环颜色是______色，第四环色环颜色是________色，第五环色环颜色是________色。

二、选择题

1. 导体的电阻是导体本身的一种性质，下列说法中错误的是（　　）。

A. 与导体的横截面面积有关　　B. 与导线的长度有关

C. 与导体的材料有关　　D. 与环境温度无关

2. 两根材料相同的导线，横截面面积之比为 2∶1，长度之比为 1∶2，则两根导体的电阻之比为（　　）。

A. 1∶1　　B. 4∶1

C. 1∶4　　D. 1∶2

3. 一根导体的电阻为 R，若将其拉长为原来的 2 倍，则其阻值为（　　）。

A. $R/2$　　B. $2R$

C. $4R$　　D. $8R$

三、判断题

1. 金属的电阻随温度升高而增大。（　　）

2. 用指针式万用表测量电阻时，每换一次量程都应调零一次。（　　）

3. 导体的电阻永远不变。（　　）

4. 电阻率能反映各种材料导电性能的好坏，电阻率越大，导电性能越差。（　　）

5. 导体的横截面面积增大一倍，则其电阻也增大一倍。（　　）

四、分析题

写出下列色环电阻器的阻值及偏差。

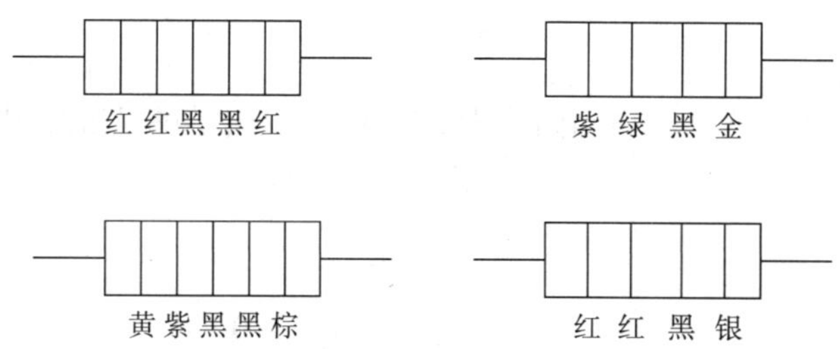

§1-3　欧姆定律

一、填空题

1. 部分电路欧姆定律的内容是，在某段纯电阻电路中，电路中的电流 I 与电阻两端的电压 U 成________，与电阻 R 成________，其表达式为____________。

2. 全电路欧姆定律的内容是，在闭合电路中，电流与______________成正比，与______________成反比。

3. 已知电炉电热丝的电阻为 44 Ω，其两端的电压为 220 V，则流过该电热丝的电流为______ A。

4. 已知加在导体两端的电压 U_1=6 V，流过此导体的电流 I_1=0.2 A，如果加在此导体两端的电压 U_2=12 V，则流过此导体的电流为__________ A。

5. 如图 1-3-1 所示，甲、乙分别是两个电阻的 I–U 图，则甲电阻阻值为____ Ω，乙电阻阻值为________ Ω。当电压为 10 V 时，甲电阻中电流为________ A，乙电阻中电流为________ A。

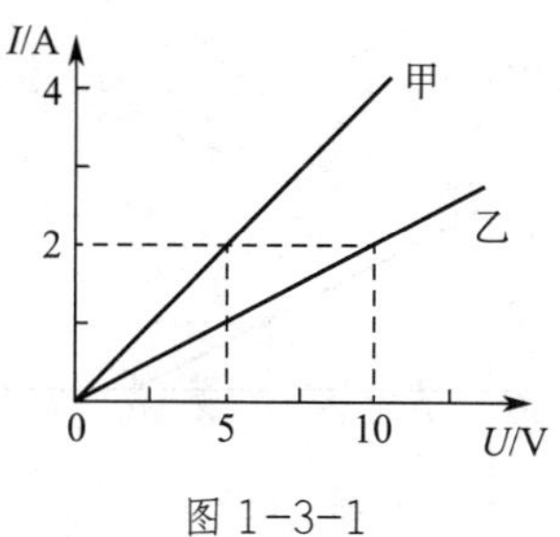

图 1-3-1

二、选择题

1. 电源电动势为 2 V，内电阻阻值为 0.1 Ω，当外电路断路时，电路中的电流和端电压分别为（　　）。

A. 0 A，2 V　　B. 20 A，2 V

C. 20 A，0 V　　D. 0 A，0 V

2. 在上一题中，当外电路短路时，电路中的电流和端电压分别为（　　）。

A. 0 A，2 V　　B. 20 A，2 V

C. 20 A，0 V　　D. 0 A，0 V

3. 如果在一个电阻两端加 15 V 电压时，电流为 3 A；那么加 18 V 电压，则电流为（　　）A。

A. 1　　B. 3.6　　C. 6　　D. 15

4. 两个电阻的伏安特性曲线如图 1–3–2 所示，下列选项中正确的为（　　）。

A. R_a=6 Ω，R_b=2.5 Ω　　B. R_a=12 Ω，R_b=2.5 Ω

C. R_a=12 Ω，R_b=5 Ω　　D. R_a=6 Ω，R_b=5 Ω

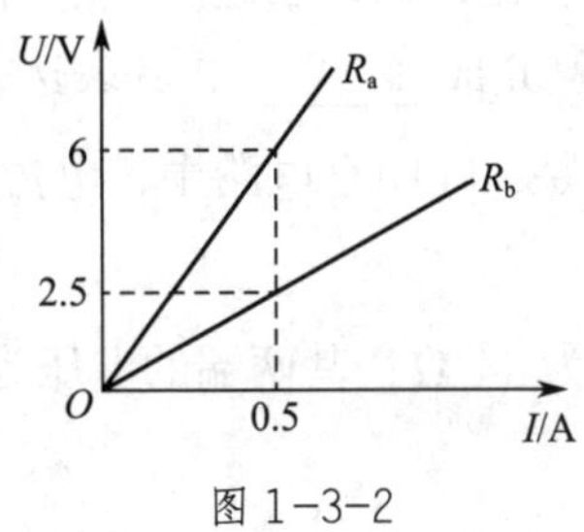

图 1–3–2

5. 测量某电源电动势 E 和内阻 r 的关系曲线如图 1–3–3 所示，根据曲线判断下列选项中正确的是（　　）。

A. E=5 V，r=0.5 Ω　　B. E=10 V，r=0.5 Ω

C. E=5 V，r=1 Ω　　D. E=10 V，r=1 Ω

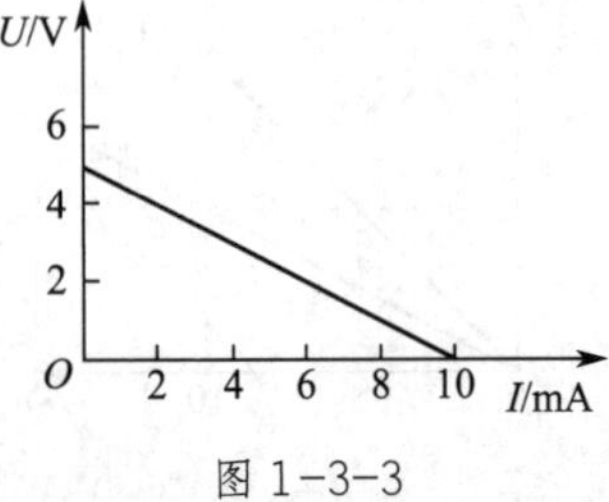

图 1–3–3

6. 电源电动势为 1.5 V，内阻为 0.22 Ω，负载电阻为 1.28 Ω，电路的电流和端电压分别为（　　）。

A. I=1.5 A，U=0.18 V　　B. I=1 A，U=1.28 V

C. I=1.5 A，U=1 V　　D. I=1 A，U=0.22 V

7. 一台直流发电机，其端电压为 230 V，内阻为 6 Ω，输出电流为 5 A，则其电动势为（　　）V。

A. 230　　B. 240　　C. 260　　D. 200

三、判断题

1. 根据公式 $R=\dfrac{U}{I}$ 可知，导体的电阻与加在导体两端的电压成正比，与流过导体的电阻成反比。（　　）

2. 在开路状态下，开路电流为零，电源端电压也为零。（　　）

3. 在短路状态下，短路电流很大，电源的端电压也很大。（　　）

4. 在全电路中，若负载电阻变大，则端电压将下降。（　　）

四、计算题

1. 如图 1–3–4 所示，E_1=3 V，E_2=4.5 V，R=10 Ω，U_{AB}=−10 V，试计算流过电阻 R 的电流大小，并画出其电流的方向。

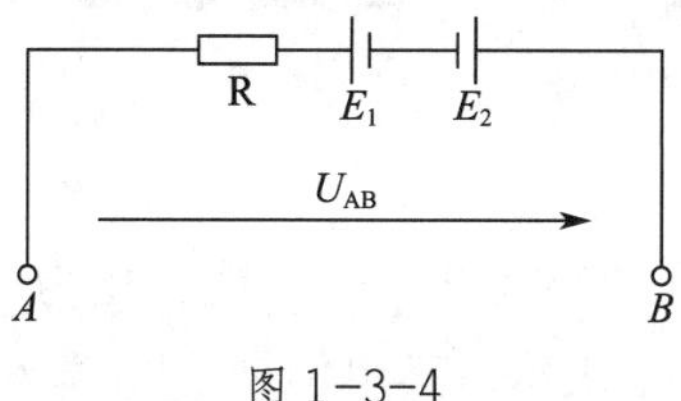

图 1–3–4

2. 验电笔内有一个很大的电阻，用来限制通过人体的电流。若某验电笔内的电阻阻值为 880 kΩ，电压为 220 V，则此时流过人体的电流是多少？

3. 如图 1-3-5 所示，已知电源电动势 E=220 V，内阻 r=10 Ω，负载 R=100 Ω，试计算：

（1）电路电流；

（2）电源端电压；

（3）电源内阻上的电压。

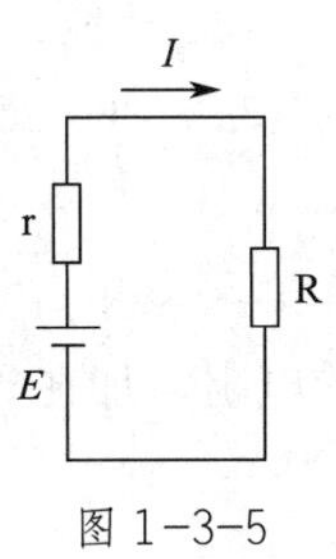

图 1-3-5

§1-4　电功与电功率

一、填空题

1. 电流做功的过程，实际上就是将______能转化为______能的过程。电流所做的功简称________，用字母______表示，其单位是________。

2. 一只“220 V/100 W”的灯泡正常发光 20 h 消耗的电能为______度电。

3. 电流在__________________所做的功，称为电功率，用符号____表示，其单位是______。

4. 某台计算机的电功率为 200 W，则这台计算机工作 5 h 后，耗电______度。

5. 电流通过导体时________________的现象称为电流的热效应，生活中利用电流的热效应做成的电气设备有________、________和__________等。

6. 一只“220 V/100 W”的灯泡，其额定电流为______ A，电阻为______ Ω。

二、选择题

1. 1 度电可供“220 V/40 W”的灯泡正常发光的时间是（　　）h。

A. 20　　B. 40　　C. 45　　D. 25

2. 焦耳定律是指（　　）。

A. 单位时间内产生的热与导体电阻成正比

B. 单位时间内产生的热与导体电阻及电流成正比

C. 单位时间内产生的热与导体电阻及电流的平方成正比

D. 单位时间内产生的热与导体电阻成反比

3. 在家用电器上标注的瓦数是指家用电器的（　　）。

A. 用电容量　　B. 实际输出的能量

C. 做功的能力　　D. 做功的效率

4. 标有“12 V/6 W”的灯泡接入 6 V 电路中，通过灯丝的电流为（　　）A。

A. 1　　B. 0.5　　C. 0.25　　D. 0.125

5. 为使某一电炉的功率减小到原来的一半，则应使（　　）。

A. 电压减半　　B. 电压加倍　　C. 电阻减半　　D. 电阻加倍

6. 灯泡 A 为“6 V/12 W”，灯泡 B 为“9 V/12 W”，灯泡 C 为“12 V/12 W”，它们都在各自的额定电压下工作，下列说法中正确的是（　　）。

A. 三只灯泡电流相同　　B. 三只灯泡电阻相同

C. 三只灯泡一样亮　　D. 灯泡 C 最亮

三、判断题

1. 把“220 V/25 W”的灯泡接在“220 V/1 000 W”的发电机上，灯泡会被烧毁。（　　）

2. 用电设备正常工作的基本条件是供电电压等于用电设备的额定电压。（　　）

3. 度是电功率的单位。（　　）

4. 功率越大，电流做的功越多。（　　）

5. 通过电阻上的电流增大到原来的 2 倍时，它所消耗的电功率也增大到原来的 2 倍。（　　）

四、问答题

1. 举例说明电流热效应的利弊。

2. 某灯泡上标有“220 V/40 W”，其中 220 V 和 40 W 各表示什么含义？

五、计算题

1. 一个蓄电池的电动势为 12 V，内阻为 1 Ω，负载电阻为 5 Ω，试计算蓄电池的总功率和负载消耗的功率。

2. 灯泡正常发光时的电压为 2.5 V，阻值为 8.3 Ω。如果将其直接连到 6 V 的电源上，灯泡中电流过大，灯丝将被烧毁。如果给灯泡串联一个适当电阻 R 后再接入电路中，能让灯泡正常发光，那么串联的电阻阻值为多少？

3. 将一只“220 V/60 W”的灯泡接到 220 V 电压的电路中，试计算：

（1）灯泡工作时的电流；

（2）如果每晚使用 3 h，那么一个月（按 30 天计算）会用多少度电。

§1-5　电阻的串联、并联和混联

一、填空题

1. 有 5 个 10 Ω 的电阻串联，等效电阻是__________ Ω；若将它们并联，等效电阻是__________ Ω。

2. 电阻 $R_1:R_2=1:2$，这两个电阻串联时电压之比是______，电流之比是________；并联时电压之比是________，电流之比是________。

3. 家用电器一般为________联。

4. 在图 1–5–1 中，开关 S 闭合与打开时，电阻 R 上的电流之比为 3 : 1，则电阻 R 的阻值为________。

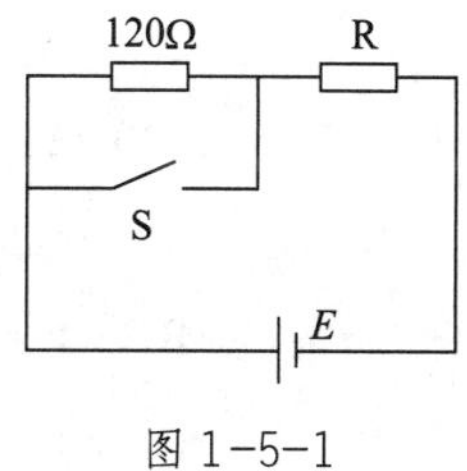

图 1-5-1

5. 在图 1–5–2 中，已知 R_1=100 Ω，I=3 A，I_1=2 A，则 I_2=_______，R_2=_______。

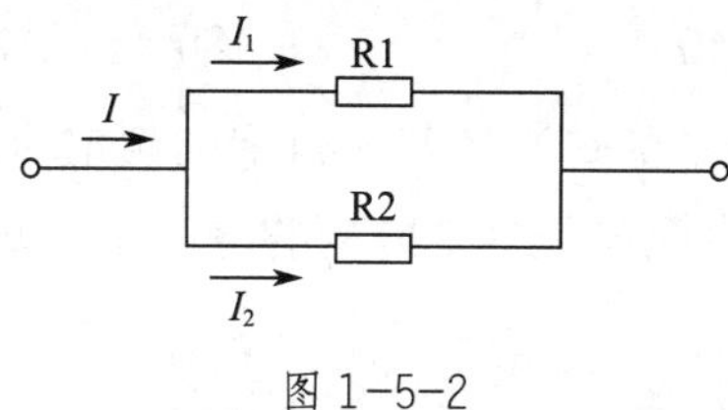

图 1-5-2

二、选择题

1. 由三只相同灯泡组成的电路，如果其中一只灯泡突然熄灭，那么下列说法中正确的是（　　）。

A. 如果电路是串联电路，另外两只灯泡一定正常发光

B. 如果电路是并联电路，另外两只灯泡一定熄灭

C. 如果电路是串联电路，另外两只灯泡一定熄灭

D. 以上都不对

2. 在图 1–5–3 中，若电压表内阻为无穷大，电流表内阻为无穷小，则下列说法中

正确的是（　　）。

A. PA1 的读数为 3 A，PA2 的读数为 2 A，PV 的读数为 12 V

B. PA1 的读数为 2 A，PA2 的读数为 3 A，PV 的读数为 12 V

C. PA1 的读数为 3 A，PA2 的读数为 2 A，PV 的读数为 8 V

D. 以上都不对

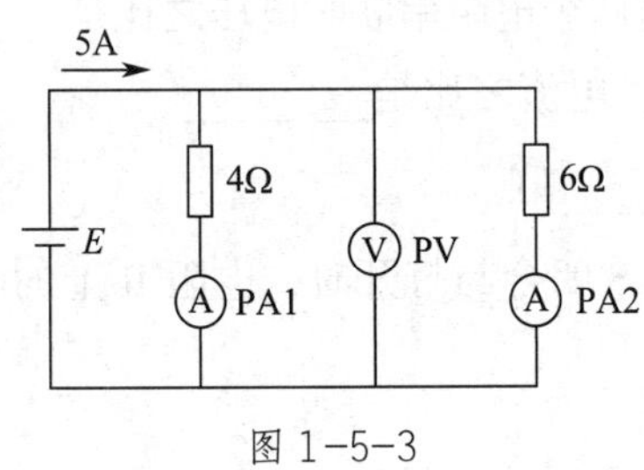

图 1-5-3

3. 三个电阻的阻值分别为 10 Ω、20 Ω、30 Ω，将它们并联在电路中，则通过它们的电流强度之比为（　　）。

A. 6∶3∶2　　B. 3∶2∶1

C. 2∶3∶6　　D. 1∶2∶3

4. 有一内阻可以忽略不计的直流电源，向互相串联的电阻 R1、R2 输送电流。当 90 Ω 的电阻 R1 短路后，流过电路的电流是以前的 4 倍，则电阻 R2 的阻值是（　　）Ω。

A. 30　　B. 60　　C. 180　　D. 260

5. 两只额定电压为 220 V 的灯泡，若 A 灯泡的额定功率为 100 W，B 灯泡的额定功率为 40 W，串联后接入电源电压为 220 V 的电路中，此时两只灯泡的实际功率为（　　）。

A. $P_A<P_B$　　B. $P_A=P_B$

C. $P_A>P_B$　　D. 不能确定

三、判断题

1. 将“110 V/40 W”和“110 V/100 W”的两盏白炽灯串联在 220 V 的电源上使用，则两盏白炽灯都能安全、正常的工作。（　　）

2. 标明“100 Ω/4 W”和“100 Ω/25 W”的两个电阻串联时，允许加的最大电压是 50 V。（　　）

3. 电阻负载并联时，因为电压相等，所以负载消耗的功率与电阻成反比。（　　）

4. 有两个电阻，串联后总电阻为 10 Ω，并联后总电阻为 2.4 Ω，这两个电阻的阻值分别为 4 Ω 和 6 Ω。（　　）

5. 在电阻串联电路中，总电阻一定大于其中最大的那个电阻。　（　　）

6. 在电阻并联电路中，通过电阻的电流与电阻成正比。　（　　）

四、计算题

1. 在图 1–5–4 中，已知 E=220 V，R_1=20 Ω，R_2=50 Ω，R_3=30 Ω。则：

（1）计算开关 S 打开时电路中的电流；

（2）判断开关 S 闭合后各电压是增加还是减小，为什么？

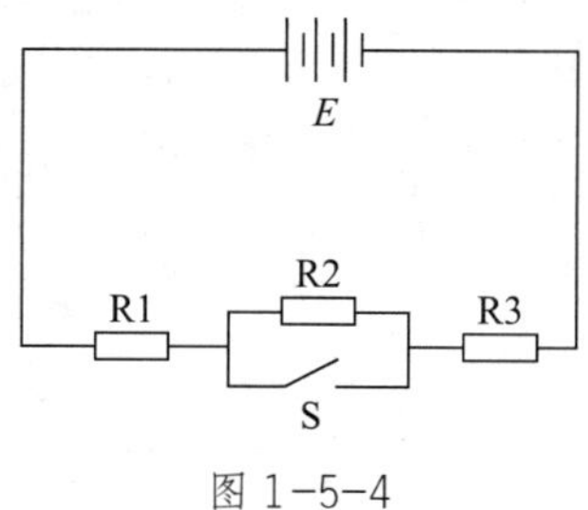

图 1-5-4

2. 已知电路如图 1–5–5 所示，试计算 a、b 两端的电阻。

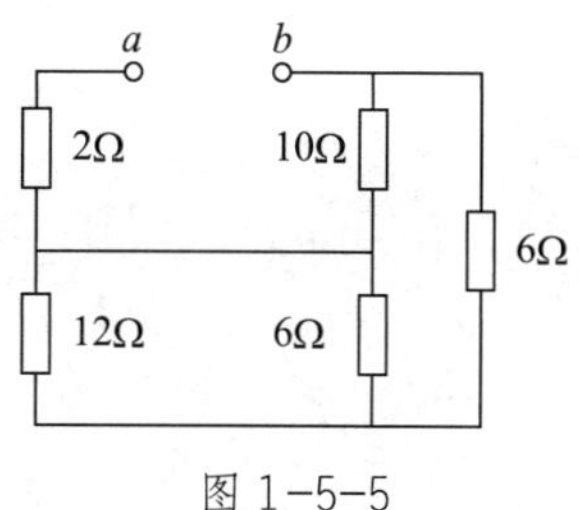

图 1-5-5

3. 如图 1–5–6 所示，已知 $R_1=R_2=R_3=R_4=30\ \Omega$，$R_5=60\ \Omega$，$R_6=400\ \Omega$，$R_7=300\ \Omega$，$R_8=400\ \Omega$，$R_9=120\ \Omega$，$R_{10}=240\ \Omega$，试计算等效电阻 R_{AB}。

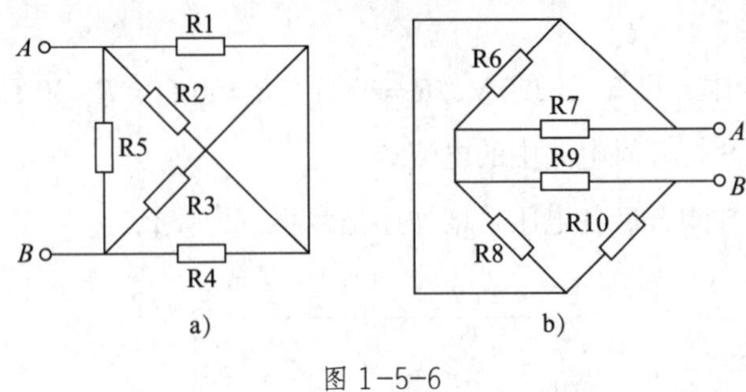

图 1–5–6

4. 额定值分别为 220 V/100 W 和 220 V/40 W 的两只灯泡并联在 220 V 的电源上使用，它们实际消耗的功率是多少？是否等于额定值？为什么？如果将它们串联在 220 V 的电源上使用，结果会怎样？

§1–6　基尔霍夫定律

一、填空题

1. 不能用电阻串联、并联化简求解的电路称为______________电路。

2. 在图 1–6–1 中，有_____个节点，有_____条支路，有_____个回路，有_____个网孔。

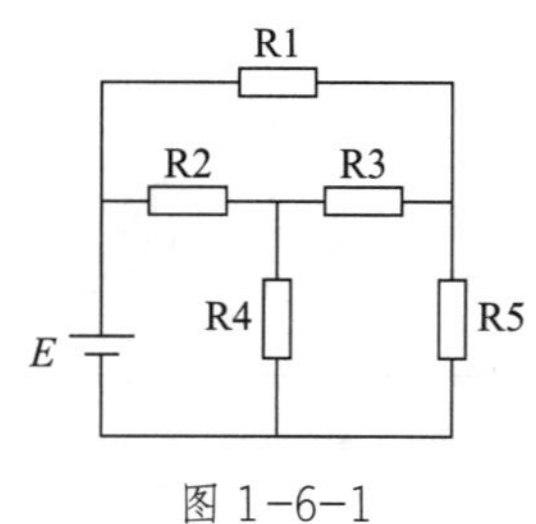

图 1-6-1

3. 在图 1–6–2 中，I=______ A。

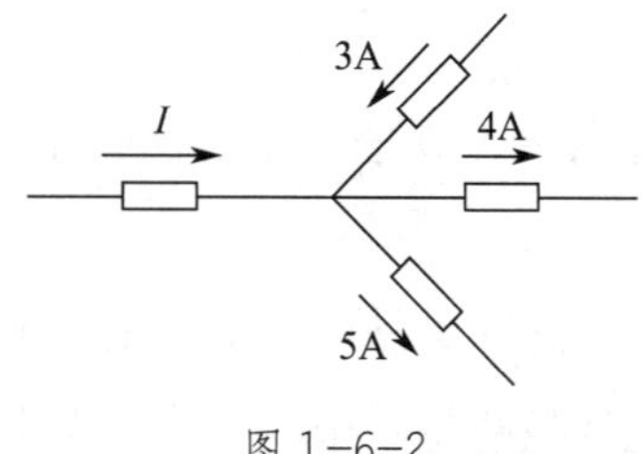

图 1-6-2

4. 在图 1–6–3 中，已知 U=50 V，E=40 V，R=100 Ω，则电流 I=________ A。

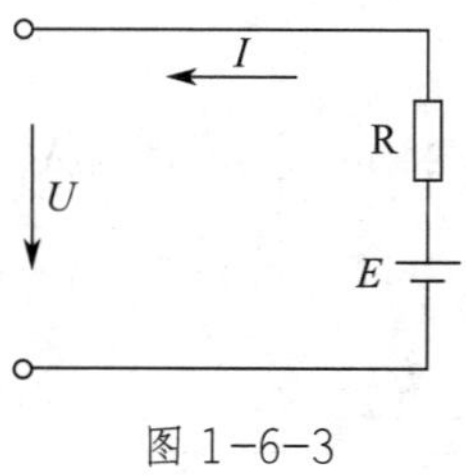

图 1-6-3

二、选择题

1. 某电路的计算结果为 I_1=2 A，I_2=–3 A，这表明（　　）。

A. 电流 I_1 与电流 I_2 方向相反

B. 电流 I_1 大于 I_2

C. 电流 I_2 大于 I_1

D. I_2 的实际方向与参考方向相同

2. 在图 1–6–4 中，电路的节点数、支路数、回路数及网孔数分别为（　　）。

A. 2　5　3　3　　B. 3　6　4　6

C. 2　4　6　3　　D. 3　5　6　3

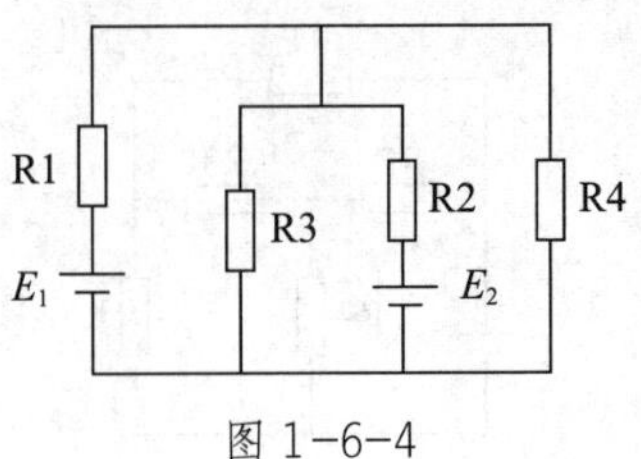

图 1-6-4

三、判断题

1. 根据基尔霍夫电流定律可知，流入（或流出）电路中任一封闭面电流的代数和恒等于零。（　　）

2. 根据基尔霍夫电压定律可知，在任一闭合回路中，各段电路电压降的代数和恒等于零。（　　）

3. 根据欧姆定律和电阻的串并联关系可以求解复杂电路。（　　）

4. 电路中每一条支路的元件只能是一个电阻或一个电源。（　　）

5. 应用基尔霍夫电压定律时，回路绕行方向可以任意选择，但一经选定后就不能中途改变。（　　）

四、计算题

1. 如图 1-6-5 所示，已知 I_1=25 mA，I_3=16 mA，I_4=12 mA，试计算 I_2、I_5、I_6 并标出其方向。

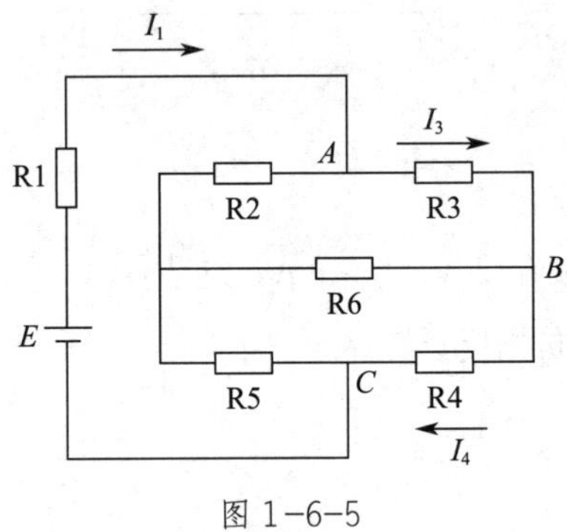

图 1-6-5

2. 如图 1–6–6 所示，已知 $R_1=R_2=R_3=R_4=10\ \Omega$，$E_1=12$ V，$E_2=9$ V，$E_3=18$ V，$E_4=3$ V。试计算回路中的电流，*F*、*A* 两端的电压，*E*、*B* 两端的电压。

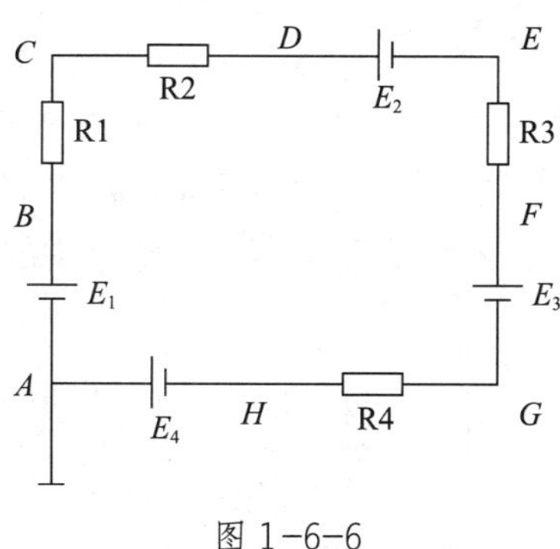

图 1–6–6

§ 1–7　戴维南定理

一、填空题

1. 应用戴维南定理求有源二端网络的输入等效电阻时，应将网络内所有电动势__________。

2. 一个有源二端网络，测得其开路电压为 3 V，短路电流为 1 A，则该等效电压源 U_S=________ V，R_0=______ Ω。

3. 如图 1–7–1 所示，在有源二端网络 *A* 的 *a*、*b* 两端接入电压表时，读数为 100 V；在 *a*、*b* 两端接入 10 Ω 电阻时，测得电流为 5 A。那么 *a*、*b* 两端的开路电压为________ V，等效电阻为________ Ω。

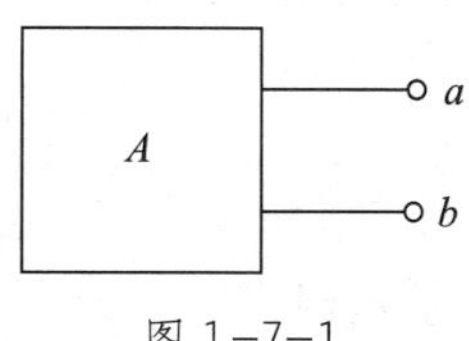

图 1–7–1

二、选择题

1. 实验测得某有源二端网络的开路电压为 6 V，短路电流为 2 A，当外接负载电阻为 3 Ω 时，其端电压为（　　）V。

A. 6　　B. 9　　C. 12　　D. 3

2. 在图 1–7–2 中，在有源二端线性网络 *A* 的 *a*、*b* 两端接上 1 Ω 负载时的输出功率与接上 4 Ω 负载时相同，那么该网络的戴维南等效电路中的参数 R_{ab} 为（　　）Ω。

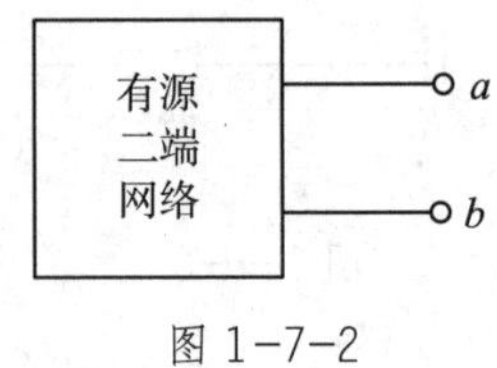

图 1–7–2

A. 1　　B. 2　　C. 4　　D. 6

3. 在图 1–7–3 中，已知 E=8 V，R_1=3 Ω，R_2=5 Ω，R_3=R_4=4 Ω，R_5=0.125 Ω，应用戴维南定理计算电阻 R5 中的电流 I 为（　　）A。

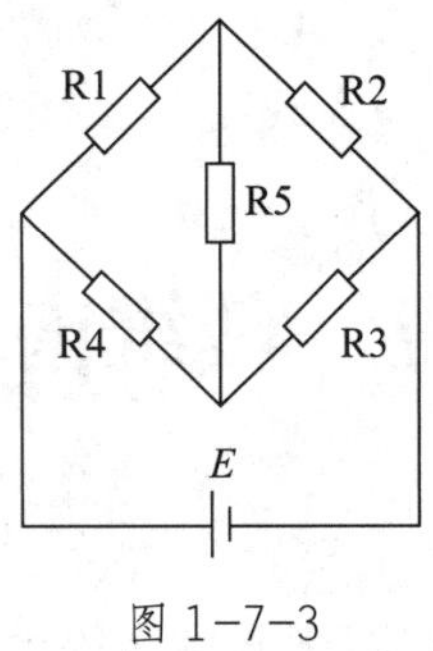

图 1–7–3

A. 0.5　　B. 1.25　　C. 0.25　　D. 1

三、判断题

1. 用戴维南定理计算有源二端网络的等效电源只对外电路等效，对内电路不等效。（　　）

2. 戴维南定理仅适用于线性电路。（　　）

3. 运用戴维南定理求解有源二端网络的内阻时，应将有源二端网络中所有的电源开路后再求解。（　　）

四、计算题

1. 在图 1–7–4 中，已知 E_1=6 V，E_2=1 V，r_1=2 Ω，r_2=5 Ω，R_1=8 Ω，R_2=R_3=15 Ω，

试计算 R_3 的支路电流。

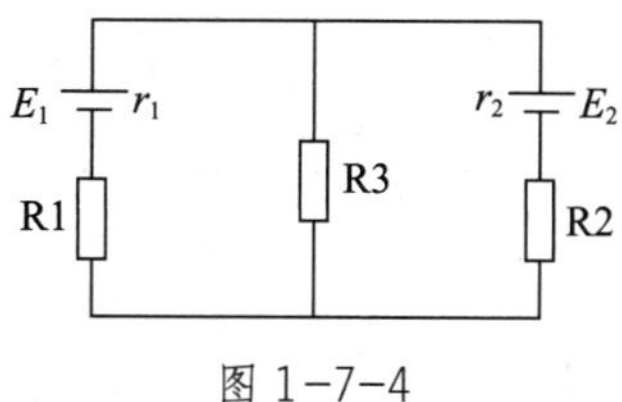

图 1–7–4

2. 试计算图 1–7–5 中的电流 I_3。

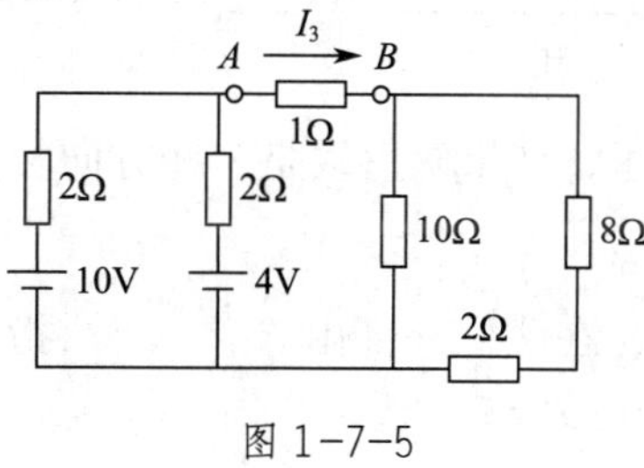

图 1–7–5

第二章 磁场与电磁感应

§2-1 磁场及其基本物理量

一、填空题

1. 某些物体能够______________________的性质称为磁性，具有______的物体称为磁体，磁体分___________和___________两大类。

2. 在磁感线的某一区域里，如果磁感线是一些方向相同分布均匀的平行直线，这一区域称为_______________。

3. 磁感线的方向定义为，在磁体外部由_________指向________，在磁体内部由_________指向_________。

4. 磁感线上任意一点的_________方向，就是该点磁场的方向，也是放在该点的磁针_________极所指的方向。

5. 磁感应强度是_______量，它的方向就是该点的_______方向；在同一磁场的磁感线分布图上，磁感线越密，磁感应强度越_______，磁场越______。

6. 用来表示媒介质导磁性能的物理量叫作_______________，用符号_______表示，单位是_______，为了方便比较媒介质对磁场的影响，又引入了_____________的概念，它们之间的关系表达式为_______________。

二、选择题

1. 在条形磁铁中，磁性最强的部位在（　　）。

A. 中间　　B. 两极

C. 整体　　D. 以上都不对

2. 磁感线上任一点的（　　）方向，就是该点的磁场方向。

A. 指向 N 极　　B. 指向 S 极

C. 切线　　D. 直线

3. 下列关于磁场和磁感线的说法中，正确的是（　　）。

A. 只有磁体的周围才存在磁场

B. 磁感线是客观存在的闭合曲线

C. 在条形磁体周围的磁场中，每一点的磁场方向都相同

D. 磁场中某点的磁场方向与该点小磁针静止时北极所指方向相同

4. 通电线圈插入铁芯后，它的磁场将（　　）。

A. 减弱　　B. 增强

C. 不变　　D. 无法判断

5. 在均匀磁场中，原来载流导体所受磁场力为 F，若电流强度增加至原来的 2 倍，而导线的长度减小一半，则载流导体所受的磁场力为（　　）。

A. $2F$　　B. F

C. $F/2$　　D. $4F$

三、判断题

1. 每个磁体都有两个磁极，一个称为 N 极，另一个称为 S 极，若把磁体断成两段，则一段为 N 极，另一段为 S 极。（　　）

2. 磁场的方向总是由 N 极指向 S 极。（　　）

3. 如果通过某截面的磁通为零，则该截面的磁感应强度也为零。（　　）

4. 磁场总是由电流产生的。（　　）

5. 由于磁感线能形象地描述磁场的强弱和方向，所以它存在于磁极周围的空间里。（　　）

四、分析题

1. 在图 2-1-1 中标出电源的正极和负极。

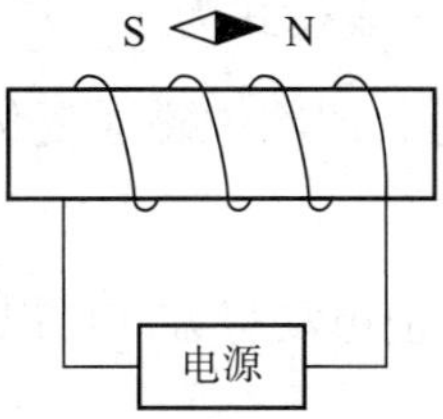

S N
电源

图 2-1-1

2. 在图 2–1–2 中标出螺线管的 N 极和 S 极。

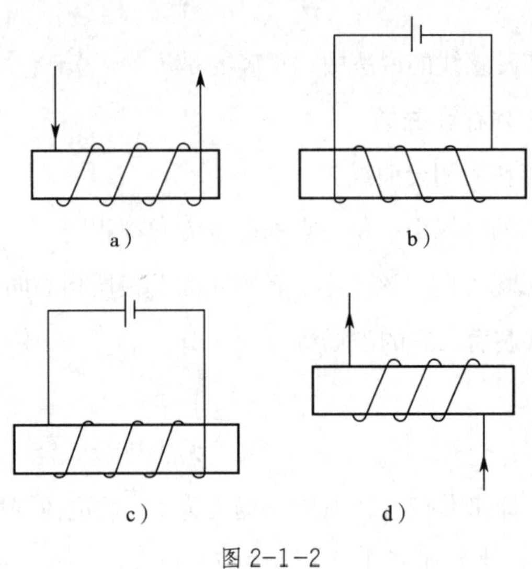

图 2–1–2

§2–2　电磁感应定律

一、填空题

1. 利用磁场产生电流的现象称为________________。

2. 楞次定律的内容是________________产生的磁通总是________原磁通的变化，当线圈中的磁通增加时，感应磁场的方向与原磁场的方向________；当线圈中的磁通减少时，感应磁场的方向与原磁场方向__________。

3. 在电磁感应中，用______________定律判别感应电动势的方向，用______________定律计算感应电动势的大小，其表达式为______________。

4. 通过电磁感应现象可以知道，线圈中磁通变化频率越快，线圈的感应电动势越________。

5. 直导体切割磁感线产生的感应电动势方向可以用______________判断。

二、选择题

1. 法拉第电磁感应定律可以这样表述：闭合电路中感应电动势的大小（　　）。

A. 与穿过这一闭合电路的磁通变化率成正比

B. 与穿过这一闭合电路的磁通成正比

C. 与穿过这一闭合电路的磁感应强度成正比

D. 与穿过这一闭合电路的磁通变化量成正比

2. 在电磁感应现象中，下列说法中正确的是（　　）。

A. 导体相对磁场运动，导体内一定会产生感应电流

B. 导体做切割磁感线运动，导体内一定会产生感应电流

C. 闭合电路中的磁通量发生变化时，电路中一定会有感应电流

D. 闭合电路在磁场中切割磁感线时，电路中一定会有感应电流

3. 感应电流所产生的磁通总是（　　）原有磁通的变化。

A. 影响　　B. 增强

C. 阻碍　　D. 衰减

4. 线圈中感应电动势的方向可以根据（　　），并应用右手定则来判定。

A. 欧姆定律　　B. 基尔霍夫定律

C. 楞次定律　　D. 戴维南定律

5. 在下列选项中，a 表示垂直于纸面的一个导体，它是闭合电路的一部分，当它在磁场中进行图示的运动时，不会产生感应电流的是（　　）。

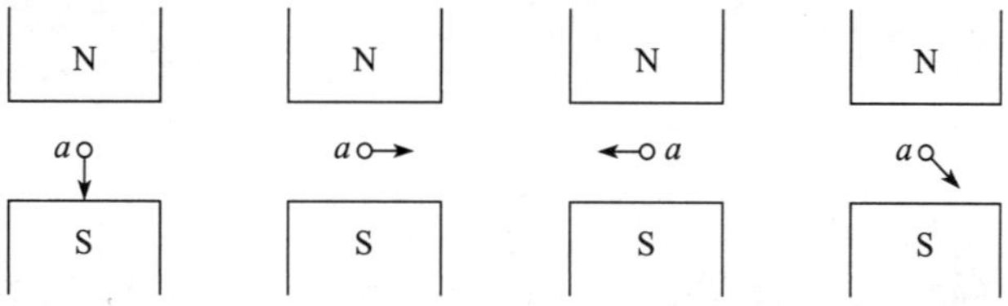

N　N　N　N

a　a　a　a

S　S　S　S

A.　B.　C.　D.

6. 如图 2-2-1 所示，长直导线 MN 的右侧有一矩形线框，它们在同一平面内，欲使矩形线框产生感应电流，可采取的方法是（　　）。

A. 线框向上平移

B. 线框向下平移

C. 线框以 MN 为轴转动

D. 逐渐增加或减少 MN 中的电流强度

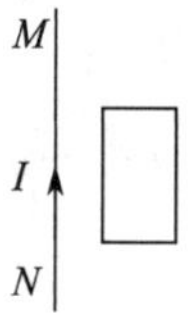

M　I　N

图 2-2-1

三、判断题

1. 当磁通发生变化时，导线或线圈中就会有感应电流产生。（　　）

2. 左手定则既可以判断通电导体的受力方向，又可以判断直导体的感应电流方向。 （ ）

3. 感应电流产生的磁通总是与原磁通的方向相反。 （ ）

4. 运动导体在切割磁感线而产生最大感应电动势时，导线运动方向与磁感线的夹角为零。 （ ）

5. 通过线圈中的磁通越大，产生的感应电动势就越大。 （ ）

四、分析题

1. 如图 2–2–2 所示，矩形导电线圈的平面垂直磁感线。若线圈按箭头方向运动，即按图 2–2–2a 所示平移，按图 2–2–2b 所示水平转动，按图 2–2–2c 所示左边向上、右边向下转动，哪些情况能产生感应电流？试分别画出各线圈中感应电流的方向。

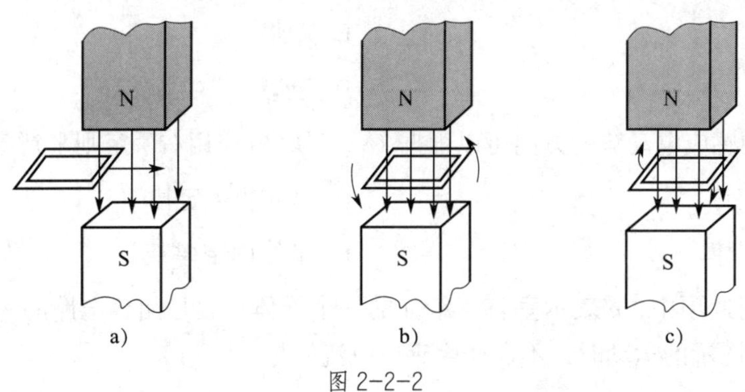

图 2–2–2

2. 想一想，哪些电气设备是利用电磁感应原理制作而成的？

§2-3　自感与互感

一、填空题

1. 产生自感现象的原因是________________________，自感电动势用符号______表示，自感电流用符号______表示。

2. 自感系数用符号______表示，它的计算式为____________，单位为__________。

3. 自感电动势大小的计算应遵从________________________定律，它的计算式为________________。

4. 由于一个线圈中的电流产生变化而在______________中产生电磁感应的现象称为互感现象。

5. 由于线圈的绕向________而产生感应电动势________________的端子称为同名端。

二、选择题

1. 当线圈中通入（　　）时，就会引起自感现象。

A. 不变的电流　　B. 变化的电流

C. 电流　　D. 以上都不对

2. 线圈自感电动势的大小与（　　）无关。

A. 线圈的自感系数　　B. 通过线圈的电流变化率

C. 通过线圈的电流大小　　D. 线圈的匝数

3. 关于线圈的自感系数，下列说法中正确的是（　　）。

A. 线圈的自感系数越大，自感电动势一定越大

B. 线圈中电流等于零时，自感系数也等于零

C. 线圈中电流变化越快，自感系数越大

D. 线圈的自感系数由线圈本身的因素及有无铁芯决定

4. 如图 2-3-1 所示，L 为一个自感系数大的线圈，开关闭合后灯泡能正常发光。那么，闭合和断开开关的瞬间，能观察到的现象分别是（　　）。

A. 灯泡逐渐变亮，灯泡立即熄灭

B. 灯泡立即亮，灯泡立即熄灭

C. 灯泡逐渐变亮，灯泡比原来更亮一下再慢慢熄灭

D. 灯泡立即亮，灯泡比原来更亮一下再慢慢熄灭

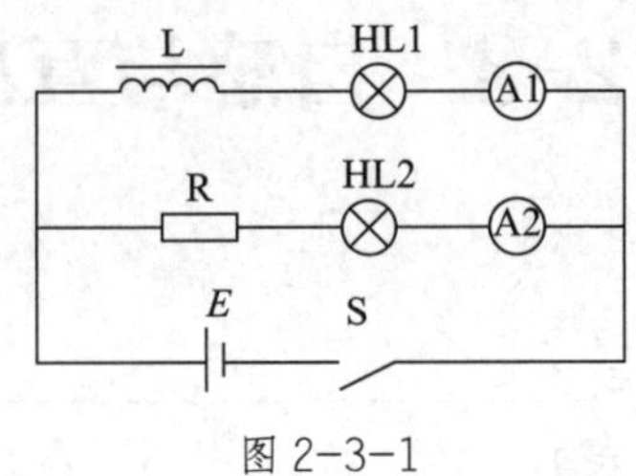

图 2-3-1

5. 如图 2–3–2 所示，当开关 S 闭合时，线圈 L2 的电压 U_{34}<0，则（　　）。

A. 1 和 4 为同名端　　B. 1 和 3 为同名端

C. 2 和 4 为同名端　　D. 以上都不对

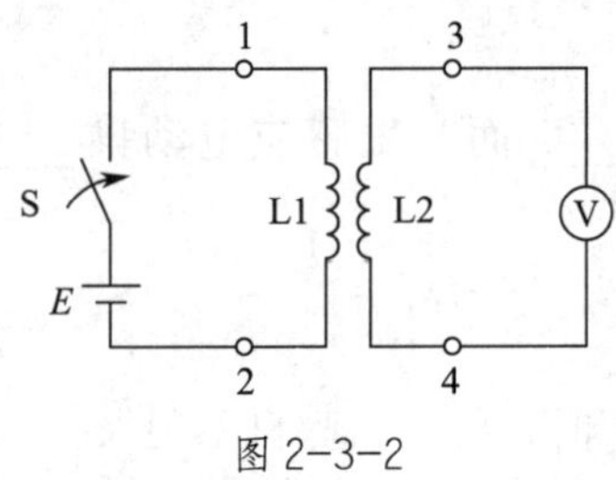

图 2-3-2

三、判断题

1. 线圈中的电流变化越快，则其自感系数就越大。（　　）
2. 自感电动势的大小与线圈的电流变化率成正比。（　　）
3. 自感电动势的方向总是与产生它的电流方向相反。（　　）
4. 当结构一定时，铁芯线圈的电感是一个常数。（　　）

四、分析计算题

1. 在图 2–3–3 所示的电路中，试分析开关 S 断开瞬间灯泡的发光情况。

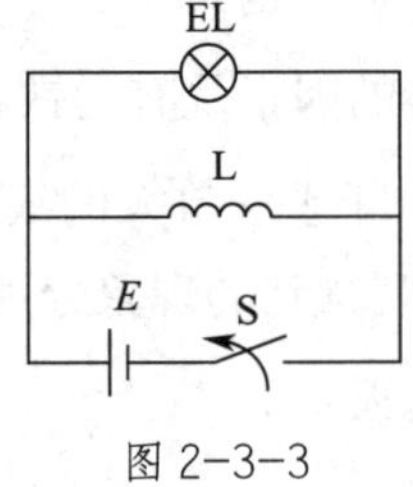

图 2-3-3

2. 电感 L=500 mH 的线圈，其电阻忽略不计，设在某一瞬间线圈的电流每秒增加 5 A，此时线圈两端的电压是多少？

第三章
正弦交流电路

§3-1 正弦交流电的基本概念

一、填空题

1. 正弦交流电是指电流的__________和__________均按________变化的电流。

2. 我国交流电的频率是______ Hz，习惯上称为工频，周期是________ s，角频率是__________ rad/s。

3. 正弦交流电有效值和最大值之间的关系为______________________，在交流电路中通常用____________值进行计算。

4. 我国照明电路的电压有效值是________ V，最大值是________ V。

5. 已知一正弦交流电流 $i=\sin(314t-\frac{\pi}{4})$ A，则该交流电的最大值为________ A，有效值为________ A，频率为________，周期为________，初相位为______。

二、选择题

1. 交流电的变化越快，说明交流电的频率（　　）。

A. 越高　　B. 越低

C. 无法判断　　D. 以上都不对

2. 一正弦电流的有效值为 3 A，频率为 50 Hz，则此交流电路的瞬时值表达式可能是（　　）A。

A. $i=3\sin 314t$　　B. $i=3\sqrt{2}\sin 314t$

C. $i=3\sin 50t$　　D. $i=3\sqrt{2}\sin 50t$

3. 下列关于交流电的说法中正确的是（　　）。

A. 使用交电流的电气设备上所标的电压电流值是指峰值

B. 交流电流表和交流电压表测得的值是电路中的瞬时值

C. 与交流电有相同热效应的直流电的值是交流电的有效值

D. 通常照明电路的电压是 220 V，指的是峰值

4. 对于正弦交流电来说，最大值等于有效值的（　　）倍。

A. $\sqrt{2}/2$　　B. $\sqrt{3}/2$　　C. $\sqrt{2}$　　D. $\sqrt{3}$

三、判断题

1. 使用万用表的交流电压挡测得交流电压为 220 V，此电压为有效值。（　　）

2. 某白炽灯泡上标有“220 V/40 W”，其中 220 V 为最大值。（　　）

3. 正弦交流电的周期与角频率的关系是互为倒数。（　　）

4. 正弦量的相位差恒等于它们的初相位之差。（　　）

5. $u=\sin(314t+30°)$ V 与直流电压 1 V 先后加到同一个电阻上，在相同时间内消耗的功率相等。（　　）

6. 正弦量 $u_1=\sqrt{2}\sin(\omega t+30°)$ 与 $u_2=\sqrt{2}\sin(2\omega t+30°)$ 同相。（　　）

四、问答题

1. 直流电与交流电有哪些区别?

2. 把额定电压为 220 V 的灯泡分别接到 220 V 的交流电源和直流电源上，灯泡的亮度是否有差别?

五、计算题

1. 已知一正弦交流电的表达式为 $i=5\sin(314t+30°)$ V，试计算这个正弦交流电的最大值、有效值、频率、角频率和初相角。

2. 一个电热器接在 10 V 的直流电源上，产生一定大小的热功率，把它改接在交流电源上，要使其产生相同的热功率，则交流电源电压的最大值是多少？

3. 试计算 $i=5\sin314t$ A 的有效值和周期。

§ 3-2　正弦交流电的表示方法

一、填空题

1. 常用的表示正弦量的方法有____________、____________和____________三种。

2. 绘制相量图时，通常取________时针转动的角度为正，在同一相量图中，各正弦量的_________应相同。

3. 用相量表示正弦交流电后，它们的加减运算可按___________法则进行。

二、画图题

分别画出下列两组正弦量的相量图。

1. $u_1=20\sin(314t+\frac{\pi}{6})$ V，$u_2=40\sin(314t-\frac{\pi}{3})$ V。

2. $i_1=4\sin(314t+\frac{\pi}{2})$ A，$i_2=8\sin(314t-\frac{\pi}{2})$ A。

§3-3　纯电阻电路

一、填空题

1. 纯电阻交流电路中，电压有效值与电流有效值之间的关系为_________，电压与电流在相位上的关系为_________________。

2. 在纯电阻电路中，已知端电压 $u=311\sin(314t+30°)$ V，其中 $R=1\ 000\ \Omega$，那么电流 $i=$_______________，电压与电流的相位差 $\varphi=$________，电阻上消耗的功率 $P=$______ W。

3. 有一只“220 V/40 W”的灯泡接在电压 $u=220\sqrt{2}\sin(314t+\frac{\pi}{6})$ V 的交流电源中，则流过该灯泡灯丝的电流 $I=$________ A，消耗的功率 $P=$________ W。

4. 纯电阻对直流电和交流电的作用效果_________。

二、选择题

1. 已知一个电阻上的电压 $u=10\sqrt{2}\sin\left(314t-\frac{\pi}{2}\right)$ V，测得电阻上消耗的功率为 20 W，则这个电阻的阻值为（　　）Ω。

A. 5　　B. 10　　C. 40　　D. 15

2. 将 220 V 的交流电加到阻值为 22 Ω 的电阻器两端，则电阻器两端（　　）。

A. 电压的有效值为 220 V，流过的电流的有效值为 10 A

B. 电压的最大值为 220 V，流过的电流的最大值为 10 A

C. 电压的最大值为 220 V，流过的电流的有效值为 10 A

D. 电压的有效值为 220 V，流过的电流的最大值为 10 A

三、判断题

1. 纯电阻电路的电压与电流同相。（　　）

2. 欧姆定律既适用于直流电路，又适用于交流电路。（　　）

3. 电阻是耗能元件。（　　）

4. 由于电阻元件通过的电流值和其两端的电压值在一个周期内的平均值为零，所以电流瞬时值与电压瞬时值的乘积也为零。（　　）

四、计算题

将一根“220 V/500 W”的电炉丝，接到 $u=220\sqrt{2}\sin\left(314t-\frac{2\pi}{3}\right)$ V 的电源上，试计算流过电炉丝电流的解析式。

§3-4　纯电感电路

一、填空题

1. ________________称为感抗，若线圈的电感为 0.6 H，把线圈接在频率为 50 Hz 的交流电路中，则 X_L=________。

2. 在图 3–4–1 中，已知 E=9 V，R=10 Ω，L=0.1 H，则流过电感的电流 I=______ A。

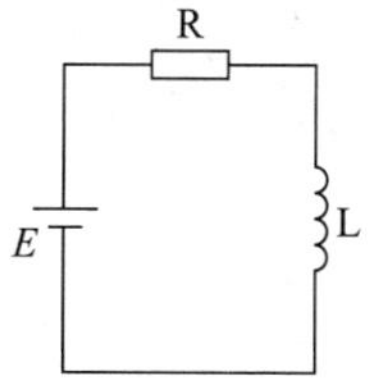

R
E
L

图 3–4–1

3. 在纯电感正弦交流电路中，已知电感量 L=0.5 H，电压 $u=220\sqrt{2}\sin(314t)$ V，则感抗 X_L=________，电流 I=________，无功功率 Q=________。

二、选择题

1. 在纯电感正弦交流电路中，电压有效值不变，增加电源频率时，电路中电流(　　)。

A. 增大　　B. 减小

C. 不变　　D. 无法判断

2. 线圈电感的单位是(　　)。

A. 亨利　　B. 法拉　　C. 韦伯　　D. 特斯拉

3. 在纯电感正弦交流电路中，下列各式中正确的是(　　)。

A. $i=\dfrac{u}{x_L}$　　B. $i=\dfrac{U}{X_L}$　　C. $I=\dfrac{U}{x_L}$　　D. $I=\dfrac{U_m}{X_L}$

4. 下列说法中正确的是(　　)。

A. 无功功率是无用的功率

B. 无功功率是表示电感元件建立磁场能量的平均功率

C. 无功功率是表示电感元件与外电路进行能量交换的瞬时功率的最大值

D. 以上都不对

5. 下列关于感抗的叙述中正确的是(　　)。

A. 感抗与电感成正比　　B. 感抗与电感成反比

C. 感抗与频率成反比　　D. 感抗与频率无关

三、判断题

1. 在纯电感正弦交流电路中，电流相位滞后于电压 90°。（　　）
2. 无功功率的单位为伏安。（　　）
3. 在直流电路中，电感元件的感抗为零，相当于短路状态。（　　）
4. 在纯电感电路中，没有能量消耗。（　　）
5. 电感元件上所加的交流电压大小一定时，电压频率升高，则交流电流增大。（　　）

四、计算题

将一个电阻忽略不计的电感线圈（L=0.5 mH）接到 u=141sin（314t−π）V 的交流电源上，试：

1. 计算线圈的感抗；
2. 计算流过线圈的电流的有效值；
3. 写出电流的瞬时值表达式；
4. 计算电路的无功功率；
5. 作出电压与电流的相量图。

§3-5　纯电容电路

一、填空题

1. 容抗是表示________________________的物理量，容抗与频率成________比，其值 X_C=________，单位是________。

2. 在纯电容交流电路中，因为电容不消耗电能，所以________功率为零。

3. 电容接在直流电源上，其容抗 X_C=________，所以电容具有____________的功能。

二、选择题

1. 在纯电容正弦交流电路中，当电容一定时，则（　　）。

A. 频率越高，容抗越大　　B. 频率越高，容抗越小

C. 容抗与频率无关　　D. 以上都不对

2. 在图 3-5-1 中，若 $U_2=U-U_1$，则方框中接入的元件应为（　　）。

A. 电阻　　B. 电感

C. 电容　　D. RL 串联

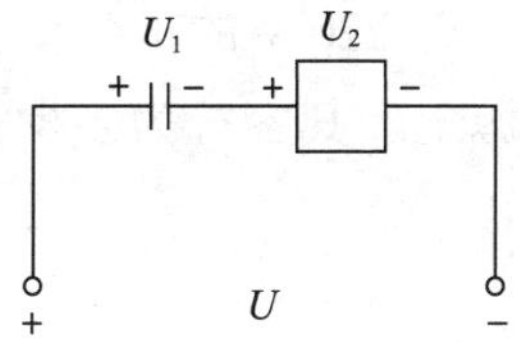

U_1 U_2
+ − + −
+ U −

图 3-5-1

3. 电容与电源进行能量交换可用（　　）表示。

A. 无功功率　　B. 有功功率

C. 视在功率　　D. 以上都不对

三、判断题

1. 电容元件的特性是隔直通交。（　　）

2. 电容元件的电压超前电流 90°。（　　）

3. 电容有通高频、阻低频、隔直流的作用，其容抗与电容、角频率成正比。（　　）

4. 在电容元件上所加交流电压的大小一定时，电压频率降低，则交流电流增大。（　　）

四、问答题

1. 一个电容只能承受 220 V 的直流电压，试问它能否接到 220 V 的交流电源上？

2. “无功功率就是无用的功率”的说法是否准确？为什么？

五、计算题

1. 一个 5 μF 的电容接到 50 Hz、220 V 的正弦交流电源上，其容抗为多少？若把其接到 100 Hz、220 V 的交流电源上，其容抗为多少？若把其接到 220 V 的直流电源上，其容抗又为多少？

2. 电容器的电容 C=40 μF，将其接到 $u=220\sqrt{2}\sin\left(314t-\frac{\pi}{3}\right)$ V 的电源上。试：

（1）计算电容的容抗；

（2）计算电流的有效值；

（3）写出电流瞬时值表达式；

（4）计算电路的无功功率；

（5）作出电流、电压相量图。

§3-6　串联电路

一、填空题

1. 在 RL 串联正弦交流电路中，电压有效值与电流有效值之间的关系是____________________，电压与电流的相位关系是____________________。

2. 在 RLC 串联正弦交流电路中，当 X_L______X_C 时，电路呈电感性；当 X_L______X_C 时，电路呈电容性；当 X_L______X_C 时，电路呈电阻性，俗称串联谐振。

3. 把一个 RLC 串联电路接到 $u=20\sqrt{2}\sin(1\,000t)$ V 的电源上，已知 $R=6\ \Omega$，$L=10$ mH，$C=500\ \mu$F，则电路的总阻抗 $Z=$______，电流 $I=$______，电路呈______性。

二、选择题

1. 在图 3-6-1 中，电压表 PV1 的读数为 10 V，PV2 的读数也为 10 V，则电压表 PV 的读数应为（　　）V。

A. 0　　B. 10　　C. 14.1　　D. 20

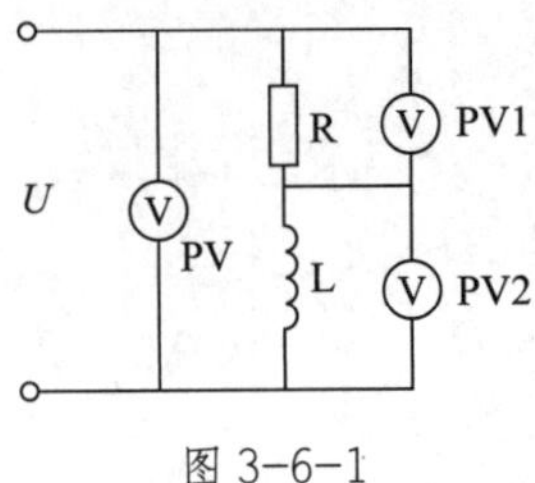

图 3-6-1

2. 在图 3-6-2 中，当交流电源的电压大小不变而频率降低时，电压表的读数将（　　）。

A. 增大　　B. 减小　　C. 不变　　D. 无法判断

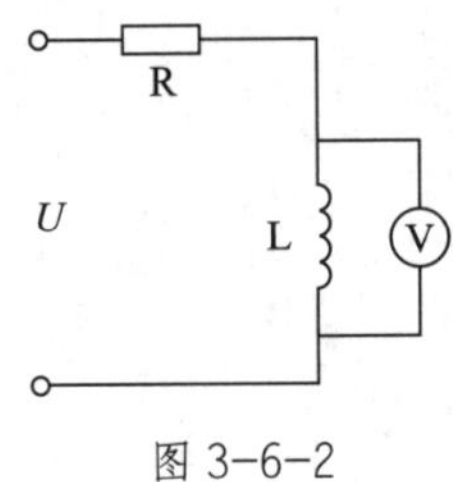

图 3-6-2

3. 已知 RLC 串联电路端电压 U=20 V，各元件两端的电压 U_R=12 V，U_L=16 V，则 U_C=（　　）V。

A. 4　　B. 32　　C. 12　　D. 28

4. 串联谐振是指电路呈（　　）性。

A. 电阻　　B. 电容　　C. 电感　　D. 电抗

5. 在 RLC 串联电路中，视在功率 S，有功功率 P，无功功率 Q_c、Q_l 四者的关系是（　　）。

A. $S=P+Q_l+Q_c$　　B. $S=P+Q_l-Q_c$

C. $S=\sqrt{P^2+(Q_l-Q_c)^2}$　　D. $S=\sqrt{P^2+(Q_l+Q_c)^2}$

三、判断题

1. 在 RLC 串联电路中，若 $X_L>X_C$，则该电路为电感性电路。（　　）

2. 在 RLC 串联正弦交流电路中，总电压 $U=U_R+U_L+U_C$。（　　）

3. 在 RLC 串联正弦交流电路中，已知 R=20 Ω，X_L=80 Ω，X_C=40 Ω，则该电路呈电感性。（　　）

四、计算题

1. 把某线圈接到电压为 10 V 的直流电源上，测得流过线圈的电流为 0.25 A，现将

它接到 $u=220\sqrt{2}\sin 314t$ V 的电源上，测得流过线圈的电流为 4.4 A，试计算线圈的电阻及电感。

2. 有一RL串联电路，接正弦交流电压 $u=220\sqrt{2}\sin(314t+75°)$ V，测得 $i=5\sqrt{2}\sin(314t+15°)$ A，试计算：

（1）电路的阻抗 Z；

（2）有功功率 P 和无功功率 Q。

3. 在RLC串联电路中，R=40 Ω，L=223 mH，C=80 μF，外加电源电压 U=220 V，f=50 Hz，试：

（1）计算电路的阻抗 Z；

（2）计算电流 I；

（3）计算电阻、电感、电容元件的端电压 U_R、U_L、U_C；

（4）判断电路的性质。

4. 一个线圈和一个电容器串联，已知线圈的电阻 R=4 Ω，X_L=3 Ω，外加电压 $u=220\sqrt{2}\sin(314t+\frac{\pi}{4})$ V，$i=44\sqrt{2}\sin(314t+84°)$ A，试计算：

（1）电路的阻抗；

（2）电路的容抗；

（3）端电压 U_R、U_L 及 U_C；

（4）有功功率、无功功率和视在功率。

§3-7 并联电路

一、填空题

1. 在 RLC 并联电路中，当__________和_________相等时，则电流与电压将同相，这种情况就称为 R、L、C 电路的_________谐振。

2. 并联谐振的特点是_____________最大，__________最小。

二、选择题

1. 在图 3-7-1 所示电路中，改变电容使电路发生谐振时，电容支路的电流（　　）。

A. 大于总电流　　　　B. 小于总电流

C. 等于总电流　　　　D. 与总电流的大小关系不确定

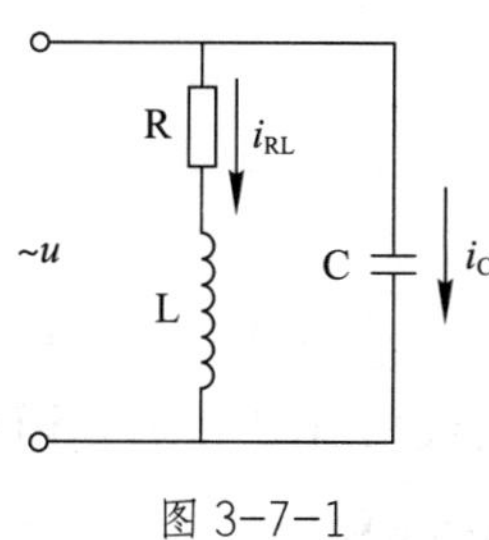

图 3-7-1

2. 在正弦交流电路中的感性负载两端并联电容器后，电路的有功功率将（　　）。

A. 增大　　B. 减小　　C. 不变　　D. 不能确定

3. 在电感线圈与电容器并联的电路中，当 R、L 不变，增大电容 C 时，谐振频率 f 将（　　）。

A. 增大　　B. 减小　　C. 不变　　D. 不能确定

三、判断题

1. 并联谐振电路的总电流最大，电路呈电阻性。（　　）

2. 在 RL 电路并联电容，可减小电路的总电流，提高功率因数。（　　）

四、计算题

在图 3-7-2 中，C=10 pF，谐振频率 f_0=37 kHz，试计算电感 L 的大小。

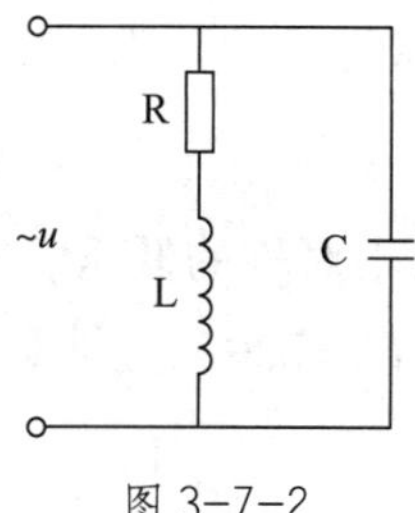

图 3-7-2

§3-8 三相交流电的基本概念

一、填空题

1. 三相交流电动势的特点是________________________、__________________和________________________。

2. 由三根______线和一根________线组成的供电电路，称为三相负载不对称的低压供电电路。三相交流电动势到达最大值的先后顺序称为____________。

3. 从三相电源始端引出的输电线称为________，俗称________。从中性点引出的输电线称为________，简称________。

4. 将三相负载分别接在三相电源的________线和________线之间的接法称为三相负载的星形连接，常用________符号表示。

5. 三相对称负载作星形连接时，$U_{Y相}$=______$U_{Y线}$，且$I_{Y相}$=______$I_{Y线}$。

6. 三相对称负载作三角形连接时，$U_{\Delta线}$=______$U_{\Delta相}$，且$I_{\Delta线}$=______$I_{\Delta相}$。

二、选择题

1. 三相交流电电动势的相序为 U–V–W 时称为（　　）。

A. 负序　　B. 正序　　C. 零序　　D. 反序

2. 在变电所三相母线应分别涂以（　　），以示正相序。

A. 红色、黄色、绿色　　B. 黄色、绿色、红色

C. 绿色、黄色、红色　　D. 红色、绿色、黄色

3. 某三相对称电源相电压为 380 V，则其线电压的最大值为（　　）V。

A. $380\sqrt{3}$　　B. $380\sqrt{2}$　　C. $380\sqrt{6}$　　D. $220\sqrt{6}$

4. 在图 3–8–1 所示的三相负载不对称的低压供电电源中，用电压表测量电源线以确定零线，测量结果为 U_{12}=380 V，U_{23}=220 V，则（　　）。

A. 2 号为零线　　B. 3 号为零线

C. 4 号为零线　　D. 1 号为零线

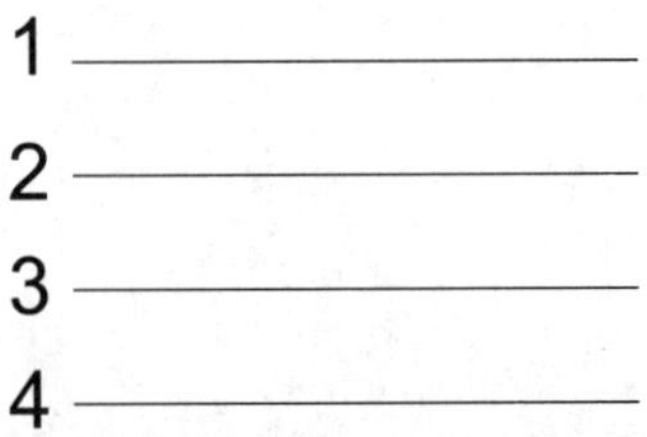

1 ————
2 ————
3 ————
4 ————

图 3–8–1

三、判断题

1. 在一个三相负载不对称的低压供电电路中，若相电压为 220 V，则线电压为 311 V。（　　）

2. 两根相线之间的电压叫作相电压。（　　）

3. 三相负载的相电流是指电源相线上的电流。（　　）

四、问答题

1. 在三相负载不对称的低压供电系统中，为什么不允许在中线上安装开关和熔断器？

2. 为什么三相电动机的电源可用三相三线制，而三相照明电源则必须用三相负载不对称的低压供电？

五、计算题

1. 有一三相对称负载，每相负载的电阻为 80 Ω，将其接在线电压为 380 V 的三相电源上，试分别计算采用星形连接和三角形连接时，负载上通过的电流和相线上的电流。

2. 某对称三相负载接在相电压为 220 V 的三相交流电源上，每相负载的电阻均为 100 Ω，试分别计算采用星形连接和三角形连接时，负载上通过的相电流和线电流。

§3-9　安全用电常识

一、填空题

1. 触电通常有＿＿＿＿＿＿、＿＿＿＿＿＿和＿＿＿＿＿＿＿＿三种可能的情况。

2. 单相触电电压为＿＿＿＿ V，两相触电电压为＿＿＿＿ V，所以两相触电的危险性＿＿＿＿单相触电。

3. 某人发生两相触电，若人体电阻为 1 000 Ω，则流经人体的触电电流为＿＿＿。

4. 防止触电的主要技术措施有＿＿＿＿＿＿、＿＿＿＿＿＿和＿＿＿＿＿＿＿等。

二、选择题

1. 发现有人触电时，首先应（　　）。

A. 四处呼救

B. 用手将触电者从电源上拉开

C. 使触电者尽快脱离电源

D. 拨打急救电话

2. 电流通过人体时，最危险的路径是（　　）。

A. 从左手到右手　　B. 从左手到脚

C. 从右手到脚　　D. 以上都不对

3. 为了保证机床操作者的安全，机床照明灯的电压为（　　）。

A. 380 V　　B. 220 V

C. 36 V　　D. 36 V 及以下

4. 将电气设备的金属外壳接到大地上，这种保护方式称为（　　）。

A. 工作接地　　B. 保护接地　　C. 保护接零　　D. 工作接零

三、判断题

1. 安全电压一般在 36 V 以下。（　　）

2. 保护零线上可以安装熔断器。（　　）

3. 若发现有高压线掉落在地上，应快速跑离该区域。（　　）

4. 交流电的频率越高，触电的危险性越高。（　　）

5. 保护接地和保护接零这两种措施不能同时采用。（　　）

四、问答题

1. 保护接地和保护接零分别适用于什么场合？

2. 如何避免单相触电？

第四章
半导体器件

§4-1　晶体二极管

一、填空题

1. 半导体是一种导电能力介于________与___________之间的物体。

2. 二极管的内部就是一个用硅或锗材料制造的___________。

3. 二极管具有_______________性，即加正向电压时，二极管_______；加反向电压时，二极管___________。一般硅二极管的开启电压约为_______ V，锗二极管的开启电压约为_______ V。

4. 按照用途不同，二极管可分为___________、___________、___________等。

5. 用指针式万用表测量二极管的正向电阻时，应当将万用表的红表笔接二极管的______极，将黑表笔接二极管的______极。

6. 二极管的伏安特性是指_________与_________之间的关系，当正向电压超过_______后，二极管导通。正常导通后，二极管的正向压降很小，硅管约为_______ V，锗管约为_______ V。

7. 二极管的主要参数有______________、_______________和____________。

8. 某种发光二极管的 U–I 图如图 4–1–1 所示，若使用电动势为 9 V、内阻可以忽略不计的电源供电，要求发光二极管正常工作（工作电压为 2.0 V），则需要在电源和二极管之间______（“串联”或“并联”）______ Ω 的电阻。

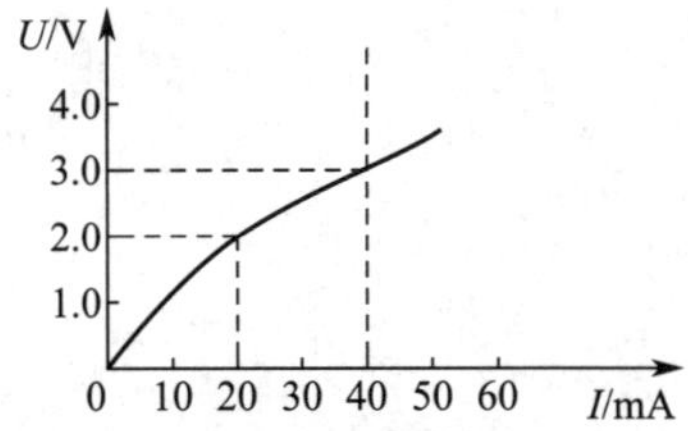

图 4–1–1

二、选择题

1. 二极管两端加上（　　）导通。

A. 正向电压时一定

B. 超过死区电压的正向电压才能

C. 超过 0.7 V 正向电压时才能

D. 超过 0.3 V 正向电压时才能

2. 如果晶体二极管的正反向电阻都很大，则该晶体二极管（　　）。

A. 正常　　B. 已被击穿

C. 内部断路　　D. 以上都不对

3. 在测量晶体二极管反向电阻时，若用手把管脚捏紧，电阻值将会（　　）。

A. 变大　　B. 变小

C. 不变化　　D. 以上都不对

4. 用指针式万用表欧姆挡测量小功率晶体二极管性能好坏时，应将欧姆挡拨到（　　）挡。

A. $R\times100\ \Omega$ 或 $R\times1\ \mathrm{k}\Omega$　　B. $R\times1\ \Omega$

C. $R\times10\ \mathrm{k}\Omega$　　D. 以上都不对

5. 当硅晶体二极管加上 0.3 V 正向电压时，该硅晶体二极管相当于（　　）。

A. 小阻值电路　　B. 阻值很大的电阻

C. 内部短路　　D. 以上都不对

6. 用指针式万用表测量二极管正负极的正确步骤为（　　）。

①测得阻值较小的那一次的黑表笔所接为正极，而红表笔所接为负极

②测量二极管两端的阻值

③将红表笔、黑表笔对调后，再次测量其阻值

④将万用表拨到 $R\times1\ \mathrm{k}$ 欧姆挡并调零

A. ④②③①　　B. ①③②④

C. ①②③④　　D. ③④②①

7. 稳压二极管的符号是（　　）。

A. 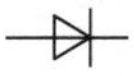　　B.

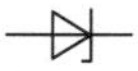

C. 　　D.

8. 能发出可见光，常用于指示信号的二极管是（　　）二极管。

A. 整流　　B. 稳压

C. 发光　　D. 光电

三、判断题

1. 在 N 型半导体中，多数载流子是空穴，少数载流子是自由电子。（　　）

2. 二极管有一个 PN 结，所以具有单向导电性。（　　）

3. 用指针式万用表欧姆挡的不同量程去测二极管的正向电阻，其数值是相同的。（　　）

4. 二极管的反向电阻越大，其单向导电性能越好。（　　）

5. 用万用表测某晶体二极管的正向电阻时，插在万用表标有“+”号插空中的测试棒（通常是红色棒）所连接的二极管的管脚是二极管的正极，另一个电极是负极。（　　）

6. 一般来说，硅晶体二极管的死区电压小于锗晶体二极管的死区电压。（　　）

7. 二极管上加正向电压就导通，加反向电压就截止。（　　）

8. 数字万用表的红表笔插在 VΩ 孔中，黑表笔插在 COM 标志的插孔中，红表笔所接的是（表内电源）负极，黑表笔所接的是（表内电源）正极。（　　）

四、计算题

1. 图 4-1-2a 中的二极管为硅管，图 4-1-2b 中的二极管为锗管，试分别计算其电压 U_{AB}。

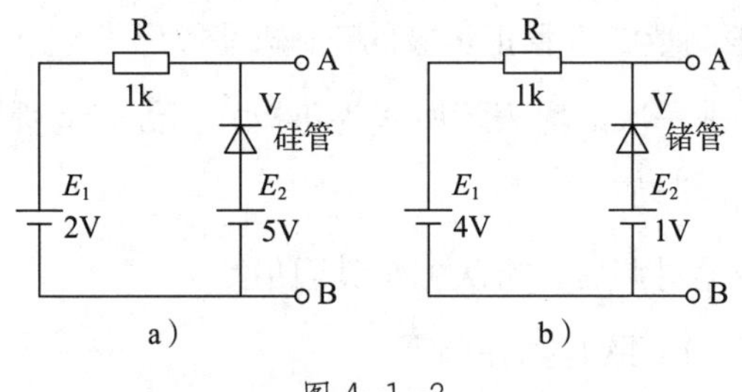

图 4-1-2

2. 在图 4–1–3 中，当开关 S 闭合后，指示灯 H1 和指示灯 H2，哪一个可能发光？

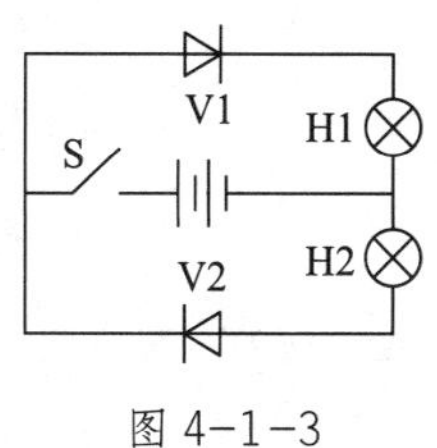

图 4–1–3

§4–2　晶体三极管

一、填空题

1. 晶体三极管有两个 PN 结，即______结和______结；有三个电极，即________极、________极和______极，分别用字母____、____和____表示。

2. 某晶体三极管的 U_{CE} 不变，基极电流 I_B=30 μA 时，I_C=1.2 mA，则发射极电流 I_E=________ mA。如果基极电流 I_B 增大到 50 μA 时，I_C 增加到 2 mA，则发射极电流 I_E=__________ mA，三极管的电流放大系数 β=________。

3. 硅三极管发射结的开启电压约为______ V，锗三极管发射结的开启电压约为______ V。晶体三极管处于正常放大状态时，硅管发射结的导通电压约为______ V，锗管发射结的导通电压约为________ V。

4. 当晶体三极管的发射结________偏、集电结______偏时，工作在放大区；发射结______偏、集电结______偏时，工作在饱和区；发射结________偏、集电结______偏时，工作在截止区。

5. 晶体三极管是________控制器件。

6. 按结构不同可将三极管分为________和________两种类型。

7. 在放大电路中，测得三极管三个电极电位为 V_1=6.5 V，V_2=7.2 V，V_3=15 V，则该管为________类型管子，其中________极是集电极。

8. 三极管的极限参数分别是______________________、______________________和________________________。

二、选择题

1. 如果三极管工作在饱和区，那么两个 PN 结状态（　　）。

A. 均为正偏　　B. 均为反偏

C. 发射结正偏，集电结反偏　　D. 发射结反偏，集电结正偏

2. 工作在放大状态的 PNP 管，各电极必须满足（　　）。

A. $U_c>U_b>U_e$　　B. $U_c<U_b<U_e$

C. $U_b>U_c>U_e$　　D. $U_c>U_e>U_b$

3. 工作在放大区的某三极管，如果当 I_b 从 12 μA 增大到 22 μA 时，I_c 由 1 mA 变为 2 mA，那么它的电流放大系数 β 约为（　　）。

A. 82　　B. 91

C. 100　　D. 不能确定

4. 用直流电压表测量 NPN 型晶体三极管的各极电位分别是 U_B=4.7 V，U_C=4.3 V，U_E=4 V，则该管的工作状态是（　　）。

A. 截止状态　　B. 饱和状态

C. 放大状态　　D. 以上都不对

5. 满足 $I_C=\beta I_B$ 的关系时，晶体三极管工作在（　　）。

A. 截止区　　B. 饱和区

C. 放大区　　D. 以上都不对

6. 晶体三极管工作在饱和状态时，它的集电极电流将（　　）。

A. 随着基极电流的增加而增加

B. 随着基极电流的增加而减小

C. 与基极电流无关，只取决于 U_{CC} 和 R_C

D. 以上都不对

7. 用万用表 $R\times1$ kΩ 挡测量一个正常的三极管，若用红表笔接触一只管脚，用黑表笔分别接触另外两只管脚时测得的电阻均很大，则该三极管（　　）。

A. 是 PNP 型　　B. 是 NPN 型

C. 无法确定　　D. 以上都不对

8. 描述晶体三极管放大能力的参数是（　　）。

A. β　　B. g_m

C. 无法确定　　D. 以上都不对

三、判断题

1. 三极管的基区半导体类型与发射区、集电区相同。（　　）
2. 三极管放大作用的实质是基极电流对集电极电流的控制作用。（　　）
3. 三极管符号中发射极的箭头表示发射结加正向电压时的电流方向。（　　）
4. 三极管按照用途不同，分为普通放大三极管和开关三极管。（　　）
5. β 值的大小表明了三极管电流放大能力的强弱。（　　）
6. 晶体三极管的发射极和集电极可以互换使用。（　　）
7. 发射结正向偏置的晶体三极管一定工作在放大状态。（　　）
8. 常温下硅晶体三极管的 U_{BE} 约为 0.7 V，且随着温度升高而减小。（　　）

四、计算题

1. 测得工作在放大状态的某三极管，其电流如图 4–2–1 所示，在图 4–2–1 中标出各管脚，并说明三极管是 NPN 型还是 PNP 型。

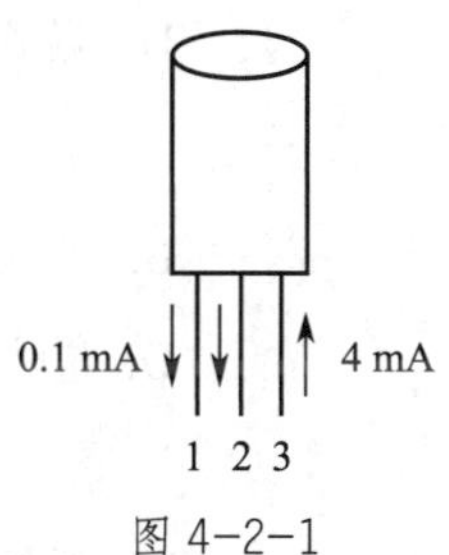

图 4–2–1

2. 根据图 4–2–2 所示的各晶体三极管对地电位数据分析各管的情况（说明是放大、截止、饱和状态或者哪个结已经开路或者短路）。

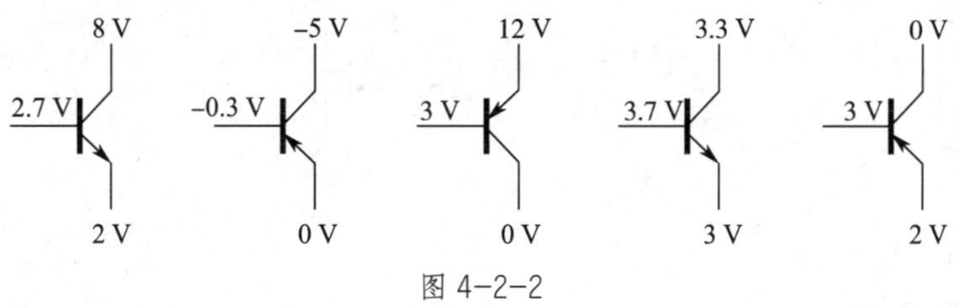

图 4–2–2

3. 一个处于放大状态的三极管接在电路中，看不出其型号和其他标记，用万用表测出三个电极的对地电位分别是 U_1=−9.5 V，U_2=−5.9 V，U_3=−6.2 V，试分析该三极管的管脚与类型。

§4-3 场效应管

一、选择题

1. 场效应管是用（　　）控制漏极电流的。

A. 栅源极电流　　B. 栅源极电压

C. 漏源极电流　　D. 漏源极电压

2. 结型场效应管发生预夹断后，管子（　　）。

A. 关断　　B. 进入恒流区

C. 进入饱和区　　D. 进入可变电阻区

3. 场效应管的低频跨导（　　）。

A. 是常数　　B. 不是常数

C. 与栅源极电压相关　　D. 与栅源极电压无关

4. P 沟道结型场效应管的符号为（　　）。

A. 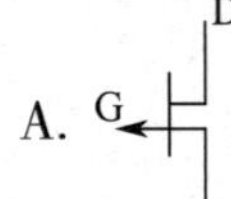

B. 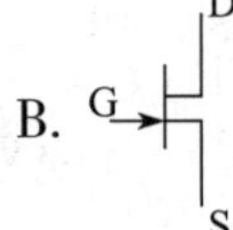

C. 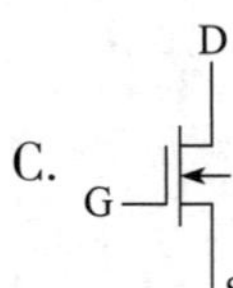

D. D G S

5. 增强型 PMOS 管的开启电压（　　）。

A. 大于零　　B. 小于零

C. 等于零　　D. 大于零或小于零

6. 增强型 NMOS 管的开启电压（　　）。

A. 大于零　　　　B. 小于零

C. 等于零　　　　D. 大于零或小于零

7. N 沟道增强型绝缘栅型场效应管的图形符号为（　　）。

A. 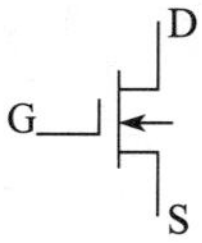 　　　　B.

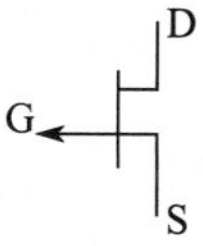

C. 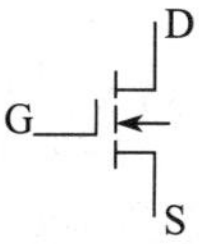 　　　　D.

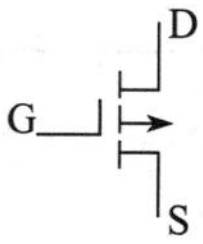

8. 当 N 沟道增强型 MOS 管的栅源极电压（　　）时，管子导通。

A. $U_{GS} \geqslant U_P$　　　　B. $U_{GS} \geqslant U_T$

C. $U_{GS} \leqslant U_P$　　　　D. 以上都不对

二、判断题

1. 按结构不同可将场效应管分为结型和绝缘栅型两大类。（　　）

2. 结型场效应管没有原始导电沟道。（　　）

3. 绝缘栅型场效应管既有耗尽型的，又有增强型的。（　　）

4. 结型 N 沟道场效应管的符号为 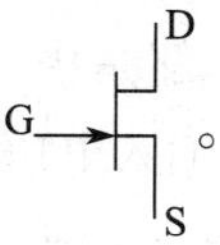　　。（　　）

5. 有一个增强型场效应管，当 U_{GS}=0 时，I_{DS}=0。（　　）

6. 场效应管的源极和漏极可以互换使用。（　　）

7. 结型场效应管的栅源极电压达到预夹断电压时，$I_{DS} \approx 0$。（　　）

8. 绝缘栅型场效应管有原始导电沟道。（　　）

第五章 放大与振荡电路

§5-1 单管放大电路

一、填空题

1. 放大电路中晶体三极管的静态工作点是指____________、____________和____________。

2. 影响静态工作点稳定的主要因素是____________，最常用的稳定静态工作点的放大电路是____________________。

3. 放大电路在动态时，u_{CE}、i_B、i_C 都是由_______分量和_______分量组成的。在共发射极放大电路中，输出电压 u_o 和输入电压 u_i 相位_______。

4. 在固定偏置放大电路中（NPN 管），若静态工作点设置过高，容易产生_______失真，减小失真的方法是使 R_b__________，Q 点_______；静态工作点过低，容易引起_______失真，此时 i_c 的_________半周出现平顶，u_{ce} 的_____半周出现平顶。

5. 某放大电路负载开路时的输出电压为 4 V，接入 3 kΩ 的负载电阻后输出电压降为 3 V，这说明放大电路的输出电阻为_______。

6. 三极管工作在放大区的偏置条件是发射结_____，集电结_____。

7. 温度升高时，晶体管的共射输入特性曲线将_____，输出特性曲线将_____，而且输出特性曲线的间隔将_____。

8. 射极输出器也叫______________，它的电压放大倍数_________，输出电压与输入电压相位_________，输入电阻_________，输出电阻_________。

二、选择题

1. 低频放大电路放大的对象是电压、电流的（　　）。

A. 稳定值　　　　B. 变化量

C. 平均值　　　　D. 以上都不对

2. 放大电路在动态时，为避免失真，发射极电压直流分量和交流分量的大小关系通常为（　　）。

A. 直流分量大　　　　B. 交流分量大

C. 相等　　　　D. 以上都不对

3. 在放大电路中，为了使工作在饱和状态的三极管进入放大状态，可以采用（　　）的方法。

A. 减小 I_B　　　　B. 提高 V_{cc} 的绝对值

C. 减小 R_c　　　　D. 以上都不对

4. 如图 5-1-1 所示，当输入正弦电压时，输出电压波形的负半周出现了平顶失真，则这种失真是（　　）。

A. 截止失真　　　　B. 饱和失真

C. 频率失真　　　　D. 以上都不对

为了消除失真，应（　　）。

A. 减小 R_b　　　　B. 改换为 β 值小的管子

C. 增大 R_b　　　　D. 以上都不对

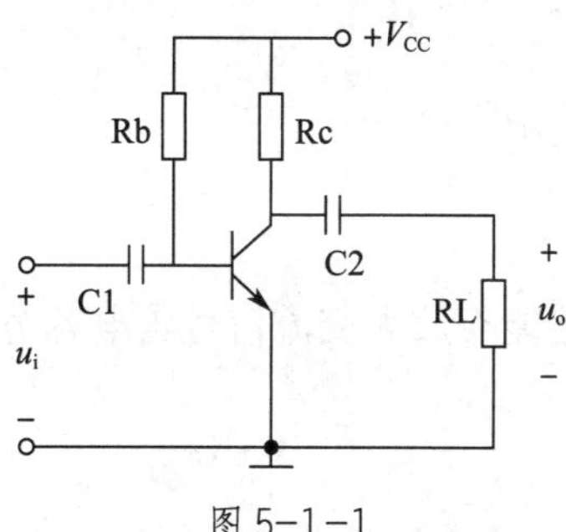

图 5-1-1

5. 在基本共射极放大电路中，负载电阻 R_L 减小时，输出电阻 R_O 将（　　）。

A. 增大　　　　B. 减少

C. 不变　　　　D. 不能确定

6. 在由 NPN 晶体管组成的基本共射极放大电路中，当输入信号为 1 kHz、5 mV 的正弦电压时，输出电压波形出现了底部削平的失真，这种失真是（　　）。

A. 饱和失真　　　　B. 截止失真

C. 交越失真　　D. 频率失真

7. 在基本共射极放大电路中，R_b 减小时，输入电阻 R_i 将（　　）。

A. 增大　　B. 减少

C. 不变　　D. 不能确定

8. 在基本共射极放大电路中，集电极电阻 R_c 的作用是（　　）。

A. 放大电流

B. 调节 I_{BQ}

C. 调节 I_{CQ}

D. 防止输出信号交流对地短路，把放大了的电流转换为电压

三、判断题

1. 在三极管放大电路中，其发射结加正向电压，集电结加反向电压。（　　）

2. 共发射极放大电路输出电压和输入电压相位相反。（　　）

3. 放大电路的静态工作点确定后，就不会受到外界因素的影响。（　　）

4. 固定偏置放大电路产生截止失真的原因是其静态工作点设置偏高。（　　）

5. 在分压式共射极偏置放大电路中，β 增大时，电压放大倍数基本不变。（　　）

6. 采用分压式共射极偏置放大电路的主要目的是提高输入电阻。（　　）

7. 在分压式共射极偏置放大电路中，如果出现了饱和失真，那么应将基极偏置电阻 R_{b1} 调大。（　　）

8. 射极输出器没有放大作用。（　　）

四、分析计算题

1. 分析图 5-1-2 所示电路能否放大交流信号（电容对交流视为短路）。

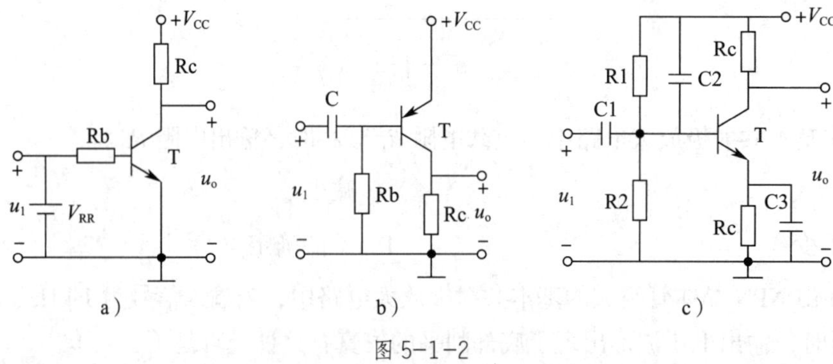

图 5-1-2

2. 单管放大电路如图 5-1-3 所示，已知三极管 β=60，输入电压 U_i=10 mV，V_{cc}=12 V，试计算：

（1）晶体管的输入电阻 r_{be}；

（2）此放大电路的输入电阻 R_i 和输出电阻 R_o；

（3）放大电路的输出电压 U_o。

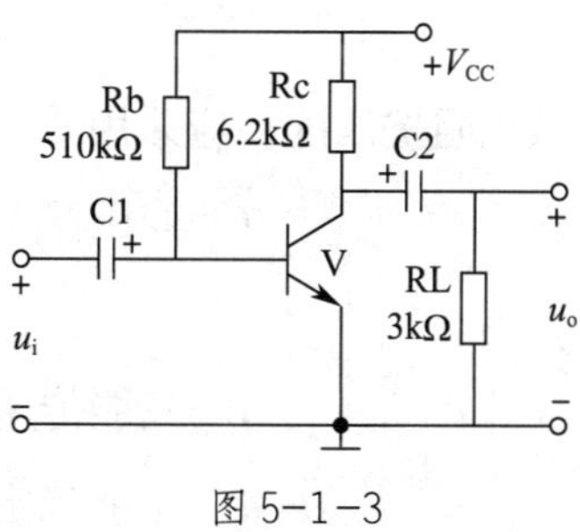

图 5-1-3

§5-2　负反馈放大电路

一、填空题

1. 多级放大电路的耦合方式有________________、________________、________________和________________等。

2. 在多级放大电路中，前级是后级的____________，它的输出电阻 r_o 就是信号源的________；而后级是前级的__________，它的输入电阻 r_i 就是前级的__________。

3. 多级阻容耦合放大电路的输入电阻，就是________放大电路的输入电阻，而其输出电阻，就是__________放大电路的输出电阻。

4. 反馈就是将电路______________的部分或全部，通过一定的电路，以一定的方式送回到________回路并影响输入量（电压或电流）和输出量的过程。

5. 反馈信号在输入端是以电压形式出现的，且与输入电压串联起来加到放大电路的输入端的反馈称为____________反馈；反馈信号是以电流形式出现的，且与输入电流并联作用于放大电路的输入端时称为____________反馈。

6. 电压负反馈的作用是____________________，电流负反馈的作用是______________________。

7. 放大电路引入负反馈后将会____________放大电路的放大倍数，________放大倍数的稳定性，________非线性失真，________通频带，________放大电路的输入、输出电阻。

二、选择题

1. 放大电路与负载之间要做到阻抗匹配，应采用（　　）耦合。

A. 直接　　B. 阻容　　C. 变压器　　D. 光电

2. 阻容耦合放大电路（　　）。

A. 只能传递直流信号　　B. 只能传递交流信号

C. 交直流信号都能传递　　D. 不能确定传递什么信号

3. 直接耦合放大电路（　　）。

A. 只能传递直流信号　　B. 只能传递交流信号

C. 交直流信号都能传递　　D. 不能确定传递什么信号

4. 已知两级阻容耦合放大电路，它们的电压放大倍数分别为 40 和 50，则两级放大电路的电压放大倍数为（　　）。

A. 90　　B. 2 000　　C. 900　　D. 不能确定

5. 在输入量不变的情况下，若引入反馈后（　　），则说明引入的是负反馈。

A. 输入电阻增大　　B. 输出量增大

C. 净输入量增大　　D. 净输入量减小

6. 在放大电路中引入电压反馈，其反馈量信息取自（　　）信号。

A. 输入电压　　B. 输出电压

C. 输入电流　　D. 输出电流

7. 在放大电路中引入交流负反馈后将（　　）。

A. 提高输入电阻　　　　　　　　B. 减小输出电阻

C. 提高放大倍数　　　　　　　　D. 提高放大倍数的稳定性

8. 在放大电路中引入直流负反馈后将（　　）。

A. 改变输入、输出电阻　　　　　B. 展宽频带

C. 减小放大倍数　　　　　　　　D. 稳定静态工作点

三、判断题

1. 射极输出器的输入电阻大，输出电阻小。（　　）

2. 射极输出器的输入电压小，输出电压大，没有放大作用。（　　）

3. 放大直流信号的放大器只能采用直接耦合方式。（　　）

4. 阻容耦合放大电路中耦合电容对交流信号相当于短路，因此电容两端电压为零。（　　）

5. 电压串联负反馈可以提高放大电路的输入电阻和电压放大倍数。（　　）

6. 负反馈可以抑制放大电路的非线性失真。（　　）

7. 负反馈对放大电路的输入电阻和输出电阻都有影响。（　　）

8. 串联负反馈都是电流反馈，而并联负反馈都是电压反馈。（　　）

9. 在负反馈放大电路中，放大电路的放大倍数越大，说明放大倍数越稳定。（　　）

四、问答题

1. 根据图 5–2–1 所示的电路，回答下列问题。

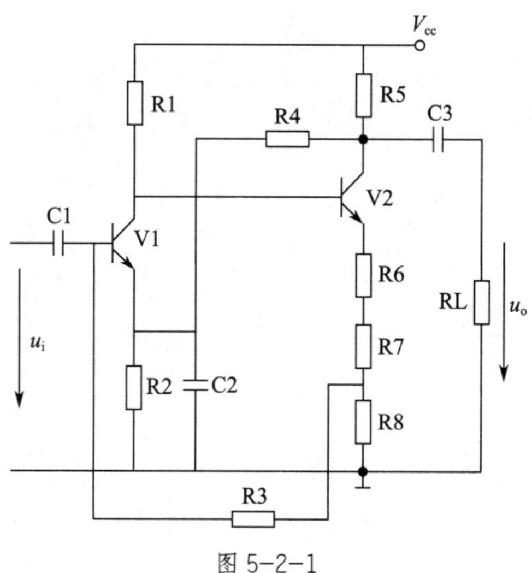

图 5–2–1

（1）V2 管共射极电阻 R6、R7、R8 构成何种反馈?

（2）V1 管与 V2 管级间电阻 R3 和 R4 分别引入的是什么反馈? 对放大电路的输入电阻和输出电阻有何影响?

2. 指出图 5-2-2 所示电路中的反馈元件和反馈的极性，确定反馈类型，并分析这些反馈元件对电路性能的影响。

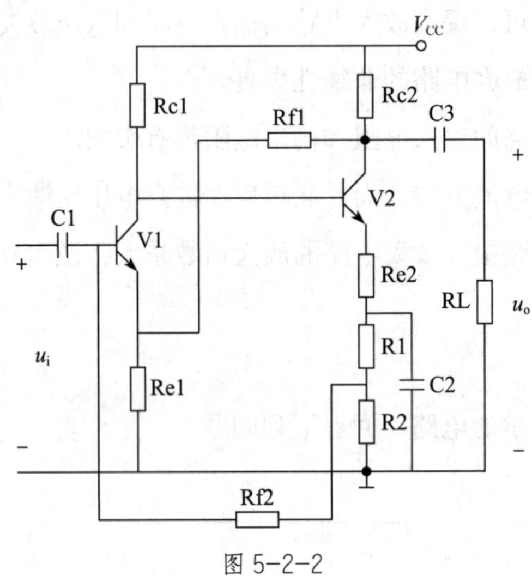

图 5-2-2

§5-3　集成运算放大器

一、填空题

1. 集成电路分为__________集成电路和__________集成电路两大类。

2. 集成运算放大器是一种______放大倍数的________耦合的放大器件。

3. ______比例运算电路的输入电流基本上等于流过反馈电阻的电流，而______比例运算电路的输入电流几乎等于零。

4. 集成运算放大器的反相输入端电位等于同相输入端电位的特性称为________，集成运算放大器同相输入端和反相输入端电流为零的特性称为________。

5. 分析集成运算放大器的线性应用时利用________、______特性，分析集成运算放大器的非线性应用时利用________特性。

6. 反相比例运算放大器电压放大倍数公式中的"–"表示____________________。

7. 分析集成运算放大器时，通常把它看成是一个理想元件，即_______________无穷大、____________无穷大、__________无穷大以及__________为零。

8. 双门限电压比较器是一个含有________反馈电路的比较器，它的抗干扰能力较________。

二、选择题

1. 集成运算放大器能处理（　　）。

A. 直流信号　　B. 交流信号

C. 直流信号和交流信号　　D. 不能确定什么信号

2. 在单门限电压比较器中，集成运算放大器工作在（　　）状态。

A. 放大　　B. 开环放大　　C. 闭环放大　　D. 不能确定

3. 双门限电压比较器是一个含有（　　）网络的比较器。

A. 正反馈　　B. 负反馈　　C. RC　　D. 不能确定

4. 集成运算放大器工作在非线性区时，其电路主要特点是（　　）。

A. 具有负反馈　　B. 具有正反馈或无反馈

C. 具有正反馈或负反馈　　D. 不能确定

5. 当集成运算放大器作为比较器电路时，其工作在（　　）区。

A. 线性　　B. 非线性

C. 线性和非线性　　D. 不能确定什么

6. 过零比较器实际上是（　　）比较器。

A. 单门限　　B. 双门限　　C. 无门限　　D. 不能确定

7. 在由集成运算放大器组成的电路中，集成运算放大器工作在非线性状态的电路处于（　　）中。

A. 反相放大器　　B. 差值放大器

C. 电压比较器　　D. 不能确定什么元件

8. 在分析集成运算放大器的非线性应用电路时，不能使用的概念是（　　）。

A. 虚地　　B. 虚短　　C. 虚断　　D. 不能确定

三、判断题

1. 集成运算放大器实质上是一个高放大倍数阻容耦合的多级放大器。（　　）

2. 理想集成运算放大器的同相输入端和反相输入端之间存在虚短、虚断现象。（　　）

3. 集成运算放大器的传输特性曲线是指集成运算放大器输出电压与输入电压之间的关系曲线。（　　）

4. 反相器既能使输入信号倒相，又具有电压放大作用。（　　）

5. 集成运算放大器有线性应用和非线性应用两种。（　　）

6. 集成运算放大器在非线性应用时，输出电压只有两种状态，即等于 U_{om} 或等于 $-U_{om}$。（　　）

7. 电压比较器的“虚短”特性不成立，而“虚断”特性依然成立。（　　）

8. 电压比较器能实现波形变换。（　　）

9. 在双门限电压比较器中，回差电压与参考电压有关。（　　）

四、计算题

1. 在图 5-3-1 中，已知 R=10 kΩ，U_{i1}=2 V，U_{i2}=-3 V，试计算输出电压 U_o 的值。

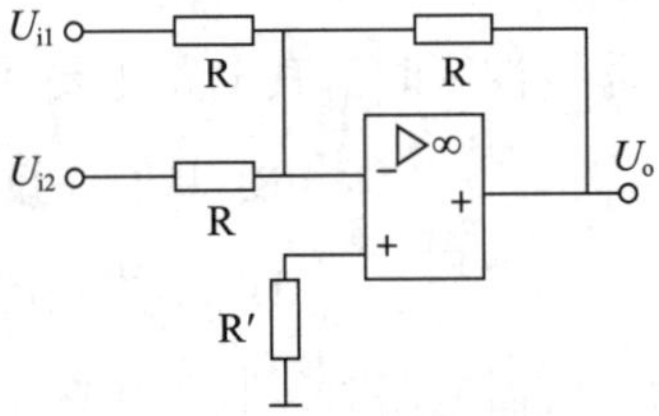

图 5-3-1

2. 在图 5-3-2 中，已知 U_I=0.2 V，R_1=10 kΩ，R_f=100 kΩ，R=5 kΩ，试计算输出电压 U_o 的值。

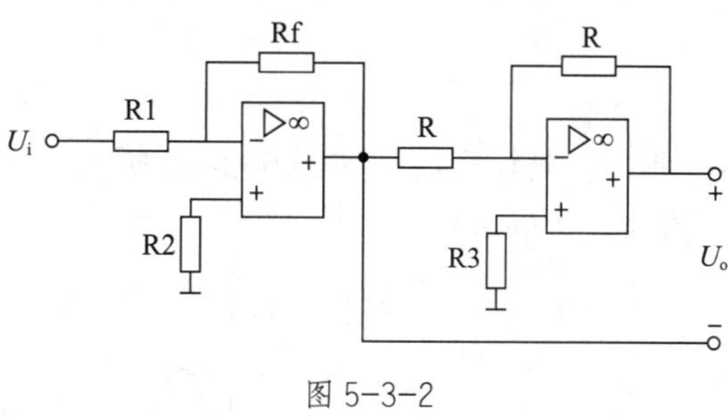

图 5-3-2

3. 电路如图 5-3-3a 所示，其输入波形如图 5-3-3b 所示，试画出该电路的传输特性及与 U_i 相对应的 U_o 的波形，$|U_Z|$=6 V。

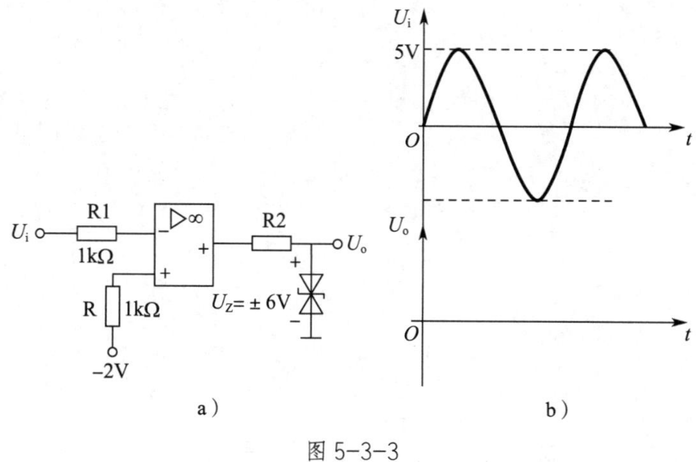

图 5-3-3

4. 电路如图 5-3-4a 所示，其输入波形如图 5-3-4b 所示，试画出该电路的传输特性及与 U_i 相对应的 U_o 的波形，$|U_Z|$=6 V。

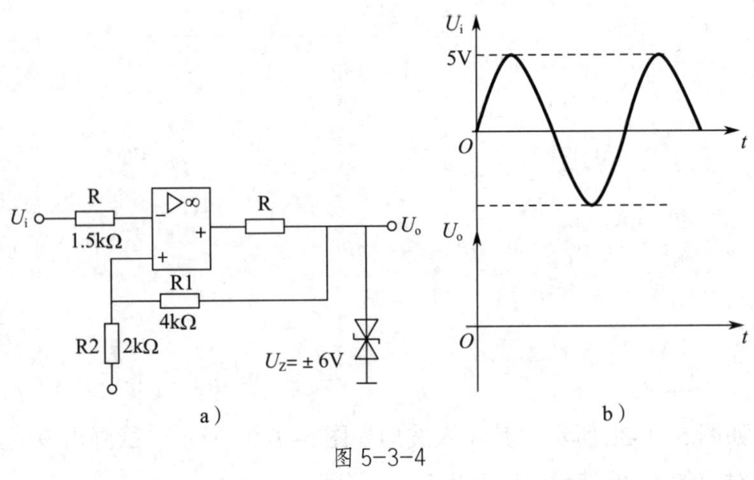

图 5-3-4

§5-4 功率放大器

一、填空题

1. 对功率放大器的基本要求是____________________、____________________、____________________、____________________。

2. 甲类放大电路输出______个波形，乙类放大电路输出______个波形，在甲乙类放大电路中，输出______个波形。

3. 乙类推挽功率放大电路的__________较高，但这种电路会产生一种被称为__________失真的特有的非线性失真现象。为了消除这种失真，应使推挽功率放大电路工作在________类状态。

4. 集成功率放大器由于______________、________________、________________、______________、使用方便，因而应用广泛。

5. 在单电源 OTL 电路中，接入自举电容是为了____________________________。

6. OCL 功率放大器的输出端直接与负载相连，静态时，其直流电位为____________________。

7. 功率放大器通常在多级放大器的______级。

8. 若 OCL 功率放大器的输出波形如图 5-4-1 所示，为消除______失真，应适当________功放管的静态。

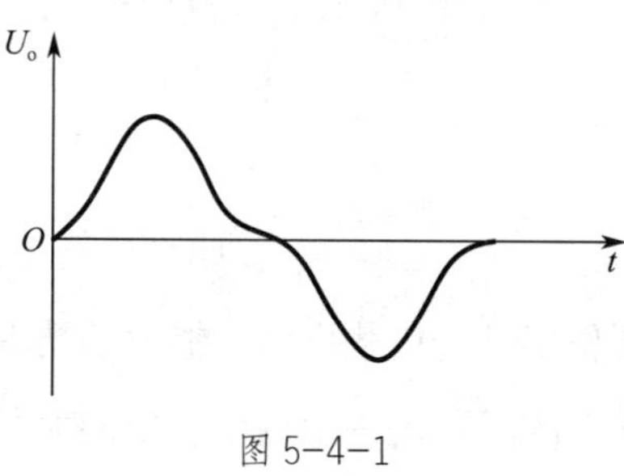

图 5-4-1

二、选择题

1. 甲类放大电路是指放大管的 Q 点位于交流负载线的（　　）。

A. 中点　　B. 截止点

C. 截止点上方　　D. 不能确定

2. 与甲类功率放大方式比较，乙类推挽方式的主要优点是（　　）。

A. 不用输出变压器　　B. 不用输出端大电容

C. 无交越失真　　D. 效率高

3. 乙类放大电路是指放大管的 Q 点位于交流负载线的（　　）。

A. 中点　　B. 截止点

C. 截止点上方　　D. 不能确定

4. 乙类功率放大电路的输出电压信号波形存在（　　）。

A. 交越失真　　B. 截止失真

C. 饱和失真　　D. 不能确定

5. 互补输出级采用射极输出方式是为了使（　　）。

A. 电压放大倍数高　　B. 输出电流小

C. 输出电阻增大　　D. 带负载能力强

6. 对甲乙类功率放大器，其静态工作点一般设置在特性曲线的（　　）。

A. 放大区中部　　B. 截止区

C. 放大区但接近截止区　　D. 放大区但接近饱和区

7. 功率放大电路的最大输出功率是在输入电压为正弦波时，输出基本不失真的情况下负载上获得的最大（　　）功率。

A. 交流　　B. 直流

C. 平均　　D. 有功

8. 在 OTL 功率放大器中，输出端中点静态电位为（　　）。

A. V_{CC}　　B. $2V_{CC}$

C. $V_{CC}/2$　　D. 0

三、判断题

1. 功率放大电路的主要作用是向负载提供足够大的功率信号。（　　）

2. 功率放大电路所要研究的问题是一个输出功率的大小问题。（　　）

3. 顾名思义，功率放大电路有功率放大作用，电压放大电路只有电压放大作用而没有功率放大作用。（　　）

4. OTL 和 OCL 功率放大器电路都不使用输出变压器。（　　）

5. 乙类功率放大电路中的两个功放管交替工作，各导通半个周期。（　　）

6. 功率放大器的主要矛盾是如何获得较大的不失真输出功率和较高的效率。（　　）

7. 乙类互补功率放大电路中的交越失真，实际上就是饱和失真。（　　）

8. 在甲类功率放大电路中，在没有信号输入时，电源的功耗最小。（　　）

四、问答题

有人说收音机的音量开得最大时最费管子（发热最大），你认为这种说法对吗?

五、分析计算题

在图 5-4-2 所示的 OTL 功率放大器电路中，试：

1. 分析 D1 和 D2 管的作用。

2. 当输入是正弦波时，若 R1 虚焊（开路），输出电压会怎样？若 D1 虚焊（开路），T1 管会产生哪些问题？

3. 已知 V_{CC}=16 V，R_L=4 Ω，T1 和 T2 的饱和压降 $|U_{CES}|$=2 V，计算静态时晶体管发射极的电位。

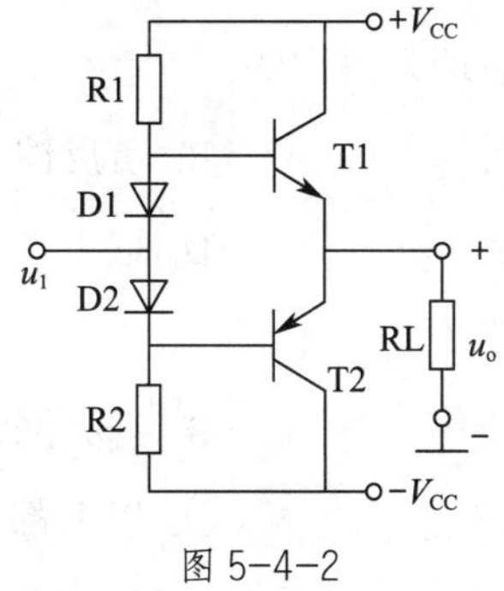

图 5-4-2

§5-5　正弦波振荡电路

一、填空题

1. 振荡电路是____________________，利用直流电源提供的能量就有信号输出的电子电路。

2. 正弦波振荡器包括____________、______________、____________三部分。

3. 振荡器的振幅平衡条件是__________，相位平衡条件是____________________。

4. 要保证振荡电路能够振荡必须同时满足________________和________________两个条件。

5. 常用LC正弦波振荡器有__________________、__________________、__________________三种，它们的共同特点是用__________________作为________________。

6. 石英晶体振荡器的特点是________________________________。

7. 石英晶体振荡器有________________和______________两种。

8. 计算机时钟信号发生器、标准信号发生器和电子钟等电子设备的振荡器均采用____________________。

二、选择题

1. 振荡器是根据（　　）原理来实现的。

A. 反馈　　B. 负反馈

C. 正反馈　　D. 以上都不对

2. 振荡器的振荡频率取决于（　　）。

A. 供电电源　　B. 选频网络

C. 晶体管的参数　　D. 以上都不对

3. 为了提高振荡频率的稳定度，高频正弦波振荡器一般选用（　　）。

A. 电容三点式振荡器

B. 电感三点式振荡器

C. 石英晶体振荡器

D. 以上都不对

4. 在串联型晶体振荡器中，晶体在电路中的作用等效于（　　）。

A. 电容　　B. 电感

C. 大电阻　　D. 短接线

5. 振荡器与放大器的区别是（　　）。

A. 振荡器比放大器电源电压高

B. 振荡器无须外加激励信号，放大器需要外加激励信号

C. 振荡器需要外加激励信号，放大器无须外加激励信号

D. 以上都不对

6. 在并联型晶体振荡器中，晶体在电路中的作用等效于（　　）。

A. 电容元件　　B. 电感元件

C. 电阻元件　　D. 短接线

7.（　　）振荡器的频率稳定度高。

A. 电容三点式　　B. 电感三点式

C. 互感反馈　　D. 石英晶体

8. 正弦波振荡器中正反馈网络的作用是（　　）。

A. 保证产生自激振荡的相位条件

B. 提高放大器的放大倍数，使输出信号足够大

C. 产生单一频率的正弦波

D. 以上都不对

三、判断题

1. 正弦波振荡器是应用最广泛的一种振荡电路。（　　）

2. 振荡电路由基本放大电路和正反馈电路组成。（　　）

3. 电感三点式正弦波振荡器的输出波形较好。（　　）

4. 电容三点式正弦波振荡器的输出波形较差。（　　）

5. 要保证 LC 正弦波振荡器能够振荡的关键是振幅平衡条件。（　　）

6. 石英晶体谐振器是利用石英晶体的压电效应制成的。（　　）

7. 当石英晶体谐振器谐振频率不同时可能呈感性或容性。（　　）

8. 石英晶体谐振器只有一个谐振频率。（　　）

四、分析判断题

试用相位平衡条件判断图 5-5-1 中各电路能否产生正弦波振荡。

+V_{CC}
C
L
C1
R1
V
R2
Re
a）
+V_{CC}
C
L
R1
C1
V
C2
R2
Re
b）
C1
+V_{CC}
Rb1
L
C2
V
Rb2
Re
Ce
c）
+V_{CC}
RC
Rb1
V2
V1
Cs
Rb2
Re1
晶体
Re2
u_o
d）

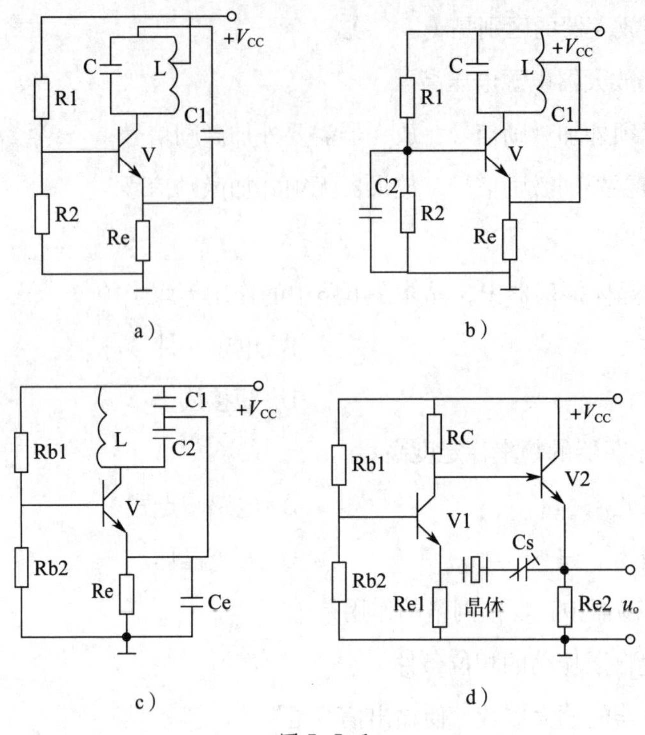

图 5-5-1

第六章
直流稳压电源

§6-1　并联型稳压电源

一、填空题

1. 小功率直流稳压电源由________、________、________和________四部分组成。

2. 利用二极管的________性，将交流电变成________的过程称为整流；把直流电中的________滤除，获得较为平滑的直流电压，这种电路称为________电路；________电路可以稳定输出电压。

3. 硅稳压管在电路中，它的正极必须接电源的________极，它的负极接电源的________极。

4. 直流稳压电源是一种当交流电网电压变化时，或________变动时，能保持________电压基本稳定的直流电源。

5. 稳压管的稳压区是指工作在________区。

6. 在单相桥式整流电路中，若有一个整流管 D1 开路，则输出变成________整流波形。

7. 在图 6-1-1 所示的电路中，U_{Z1}=2 V，U_{Z2}=5 V，稳压管正向导通时 U_D=0 V，则输出电压 u_o=______，______反向击穿。

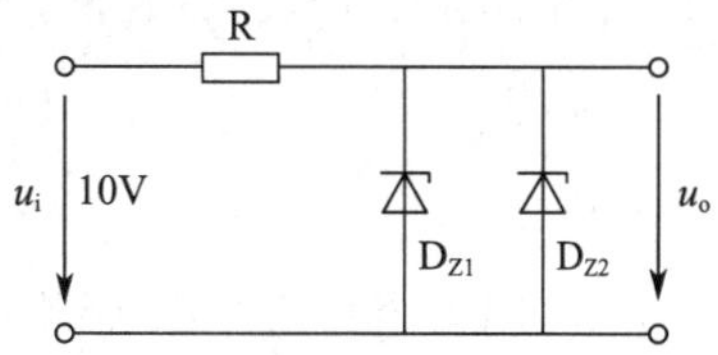

8. 对于电容滤波、电感滤波两种方式来说，________滤波适合于大电流负载。

图 6-1-1

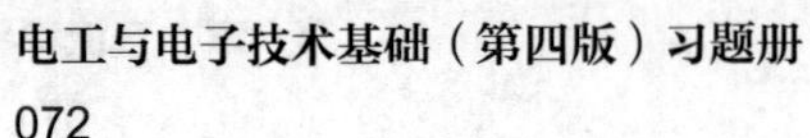

二、选择题

1. 某单相桥式整流电路，变压器次级电压为 U_2，当负载开路时，整流输出电压为（　　）。

A. 0　　B. U_2　　C. $0.9U_2$　　D. $\sqrt{2}U_2$

2. 在单相桥式整流电路中，每个二极管的平均电流等于（　　）。

A. 输出平均电流　　B. 输出平均电流的 1/2

C. 输出平均电流的 1/4　　D. 以上都不对

3. 在单相桥式整流电路中，如果电源变压器的次级电压有效值为 U_2，则每个整流二极管承受的最高反向电压是（　　）。

A. U_2　　B. $\sqrt{2}U_2$

C. $2\sqrt{2}U_2$　　D. 以上都不对

4. 选择单相桥式整流电容滤波电路中的电容，要考虑电容的（　　）。

A. 容量　　B. 额定电压

C. 容量和额定电压　　D. 以上都不对

5. 在硅稳压二极管并联型稳压电路中，硅稳压二极管必须与限流电阻串联，此限流电阻的作用是（　　）。

A. 提供偏流　　B. 仅是限流

C. 兼有限流和调压　　D. 不能确定

6. 在直流稳压电源中，采取稳压措施是为了（　　）。

A. 消除整流电路输出电压的交流分量

B. 将电网提供的交流电转化为直流电

C. 保持输出直流电压不受电网电压波动和负载变化的影响

D. 以上都不对

7. 有两个 2CW15 稳压二极管，一个稳压值为 8 V，另一个稳压值为 7.5 V，如果将它们用不同的方式组合起来，那么可组成（　　）种不同的稳压值。

A. 3　　B. 2

C. 5　　D. 以上都不对

8. 用一个直流电压表测量一个接在电路中的稳压二极管（2CW13）的电压，读数只有 0.7 V，这种情况表明该稳压管（　　）。

A. 工作正常　　B. 接反了

C. 已经击穿　　　　　　　　　　　D. 以上都不对

三、判断题

1. 单相桥式整流电路在输入交流电压的每个半周内都有两个二极管导通。（　　）

2. 单相桥式整流电路输出的直流电压平均值是半波整流电路输出的直流电压平均值的 2 倍。（　　）

3. 在单相桥式整流电路中，有一个二极管接反，则可能使二极管和变压器的次级绕组烧毁。（　　）

4. 单相桥式整流电路有电容滤波和无电容滤波时，二极管承受的反向电压不一样。（　　）

5. 硅稳压二极管的稳压作用是利用其内部 PN 结的正向特性来实现的。（　　）

6. 切断硅稳压二极管外加电压后，PN 结仍处于反向击穿状态。（　　）

7. 稳压管 2CW18 的稳压值是 10 ~ 12 V，这表明将它反接在电路中，可以将电压稳定在 10 ~ 12 V 这个范围内。（　　）

8. 直流稳压电源只能在市电变化时使输出电压基本不变，而当负载电阻变化时它不能起稳压作用。（　　）

四、计算题

1. 图 6–1–2 所示为单相半波整流滤波电路，已知变压器一次侧电压 U_1=220 V，变压比 n=10，负载电阻 R_L=5 kΩ，在开关 S 断开和闭合两种情况下分别计算：

（1）输出电压 U_o；

（2）负载流过的电流 I_L。

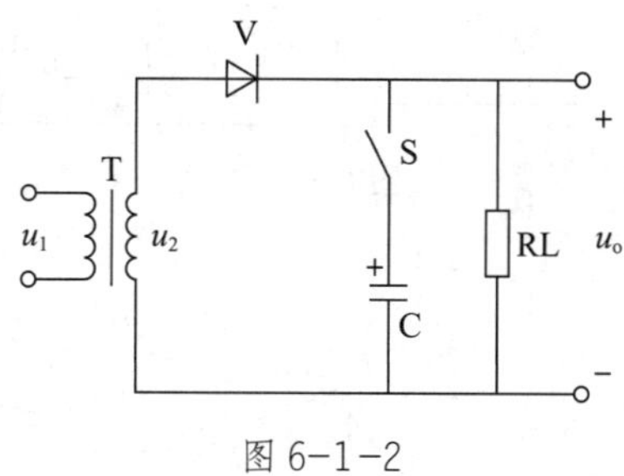

图 6–1–2

2. 在图 6–1–2 中，若已知变压器一次侧电压 U_1=220 V，负载电阻 R_L=5 kΩ，当开关 S 断开时输出电压 U_o=4.5 V，试计算：

（1）此时负载流过的电流 I_L；

（2）变压器二次侧电压 U_2；

（3）变压比 n；

（4）合上开关 S 时的输出电压 U_o 和负载流过的电流 I_L。

3. 图 6–1–3 所示为单相桥式整流电路，开关 S1 断开、S2 闭合，若四个二极管全部反接，会对输出电压有何影响？若其中一个二极管断开、短路、接反时对输出电压有何影响？

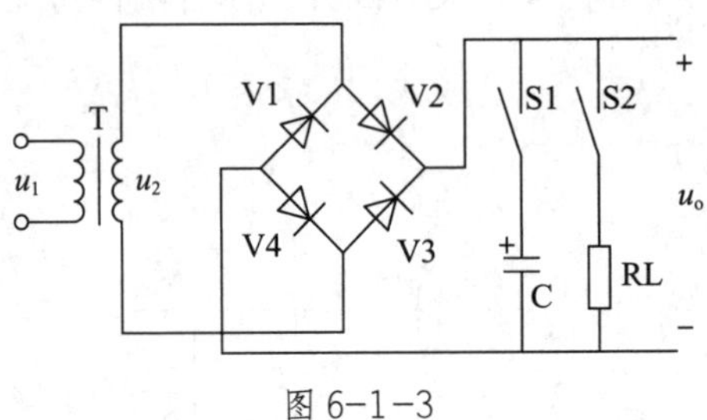

图 6–1–3

4. 在图 6–1–3 所示的单相桥式整流电路中，已知电源变压器初级电压 U_1=220 V，变压比 n=22，负载电路 R_L=1 kΩ，在下列各种情况下分别计算输出电压 U_o 和负载电流 I_L。

（1）开关 S1 断开，S2 闭合。

（2）开关 S1 和 S2 都闭合。

（3）开关 S1 闭合，S2 断开。

5. 在线路板上，电源变压器、4 个二极管和负载电阻排列如图 6–1–4 所示，如何在 4 个二极管各个端点接入交流电源和负载电阻实现桥式整流，要求连接完成的电路要简明、整齐。

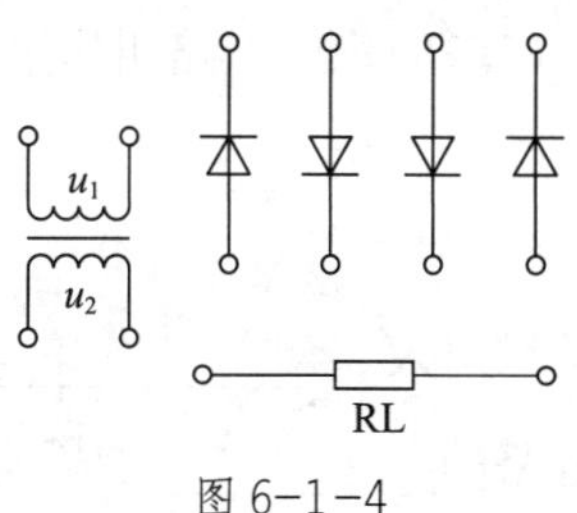

图 6–1–4

6. 在图 6–1–5 中，已知负载电阻 R_L=100 Ω，要求直流电压 U_L=30 V，试：

（1）在桥臂上画出四个整流二极管，并标出电容 C 的正极；

（2）计算流过每个二极管的平均电流 I_F。

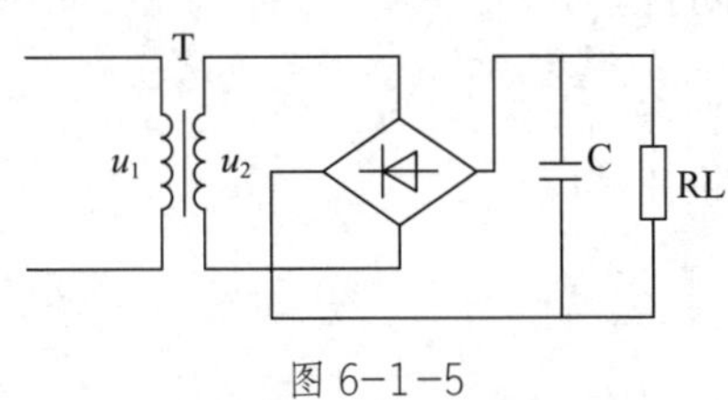

图 6–1–5

§ 6–2　串联型稳压电路

一、填空题

1. ____________和________串联的稳压电路叫作串联型稳压电路。

2. 串联型稳压电路包括__________、______________、______________和______ ____________等几部分。

3. 串联型稳压电路实质上是靠引入________________来稳定输出电压的。

4. 稳压管属于串联型稳压电路的__________组成部分。

二、选择题

1. 串联型稳压电路的调整管工作在（　　）。

A. 截止区　　B. 饱和区　　C. 放大区　　D. 以上都不对

2. 串联型稳压电路实际上是一种（　　）电路。

A. 电压串联型负反馈　　B. 电压并联型负反馈

C. 电流并联型负反馈　　D. 以上都不对

3. 具有放大环节的串联型稳压电路在正常工作时，若要求输出电压为 18 V，调整管压降为 6 V，整流电路采用电容滤波，则电源变压器次级电压有效值应为（　　）V。

A. 12　　B. 18　　C. 20　　D. 24

4. 串联型稳压电路中的放大环节所放大的对象是（　　）。

A. 基准电压　　B. 取样电压

C. 基准电压和取样电压之差　　D. 不能确定

5. 串联型稳压电路中的调整管相当于（　　）的作用。

A. 一个电容　　B. 一个可变电阻

C. 一个电感　　D. 以上都不对

三、分析计算题

1. 在图 6–2–1 所示的电路中，已知 R_3=680 Ω，R_4=470 Ω，R_P=470 Ω，U_Z=5.3 V，U_{BE}=0.7 V。试计算输出电压的可调范围，并且分析：

（1）若 R1 开路对电路的输出有何影响？

（2）若稳压管 V3 不慎接反，对电路有何影响？

（3）若 V1 管的发射结开路或击穿，对电路有何影响？

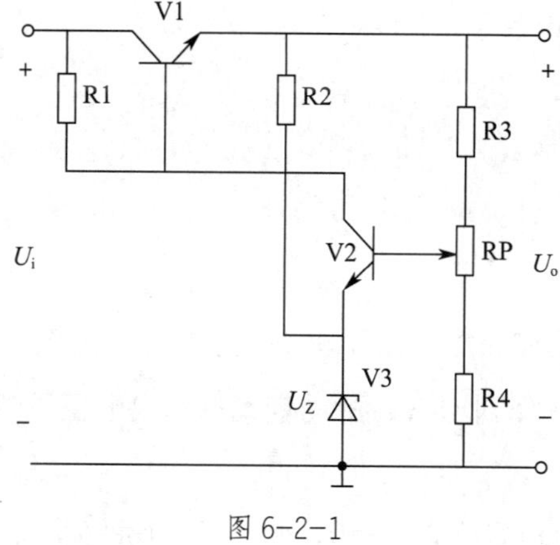

图 6–2–1

2. 在图 6-2-2 所示的直流电源中，已知 U_i=24 V，稳压管稳压值 U_Z=5.3 V，三极管的 U_{BE}=0.7 V。

（1）试估算变压器次级电压的有效值。

（2）若 R_3=R_4=R_P=300 Ω，试计算 U_o 的可调范围。

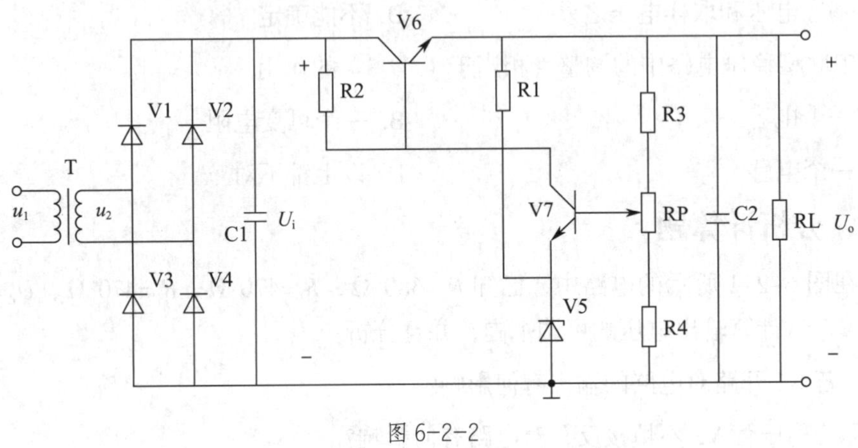

图 6-2-2

3. 图 6-2-2 所示电路如果出现以下现象，那么可能出现的电路故障是什么？

（1）U_i 由正常值 24 V 降到 18 V，脉动变大，输出电压虽然能够随着 RP 变化可调，但是稳定性差。

（2）U_i 由正常值上升到 28 V，U_o≈0，调节 RP 不起作用。

（3）U_o=4.6 V，输出电压不可调。

（4）U_o=22 V，调节 RP，输出电压不变。

§6-3　三端集成稳压器

一、填空题

1. 将分立元件组成的稳压器集成在一个半导体芯片上就改成了________。

2. 三端集成稳压器可以分为________集成稳压器和________集成稳压器两大类。

3. 按照稳压原理不同，集成稳压器可以分为______调整式、______调整式、______调整式。

4. 在固定式三端集成稳压器的应用电路中，为保证稳压器正常工作，输入电压应至少大于输出电压________V。

5. 三端固定输出稳压器的三端是指________、________和________。常用的CW78×× 系列是输出固定________电压的稳压器，常用的CW79×× 系列是输出固定________电压的稳压器。

6. 三端集成稳压电路 CW7805 的输出电压为________V。

7. 三端集成稳压电路 CW7905 的输出电压为________V。

8. 三端集成稳压电路 LM317 的输出电压范围为____________V。

二、计算题

1. 电路元器件如图 6-3-1 所示，试将其连接成输出为 5 V 的直流电源（设 U_i 足够大）。

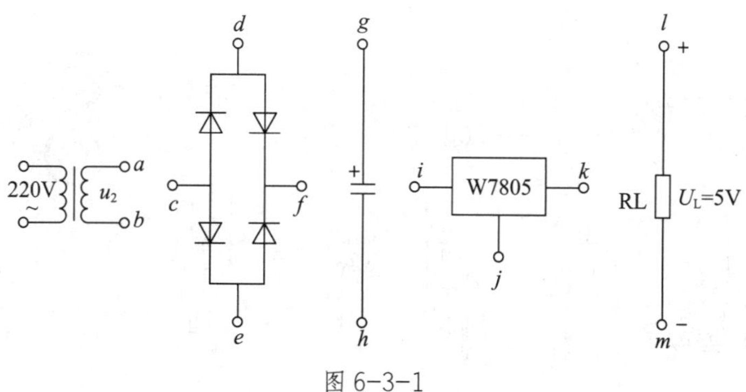

图 6-3-1

2. 图 6-3-2 所示电路需要 +5 V 的负载供电，指出图中的错误并说明原因，画出正确的电路图。

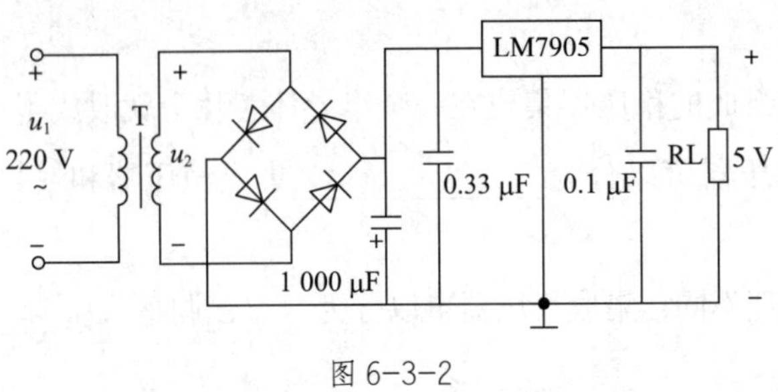

图 6-3-2

3. 将图 6-3-3 中的元器件连接起来，组成一个电压可调的稳压电源。

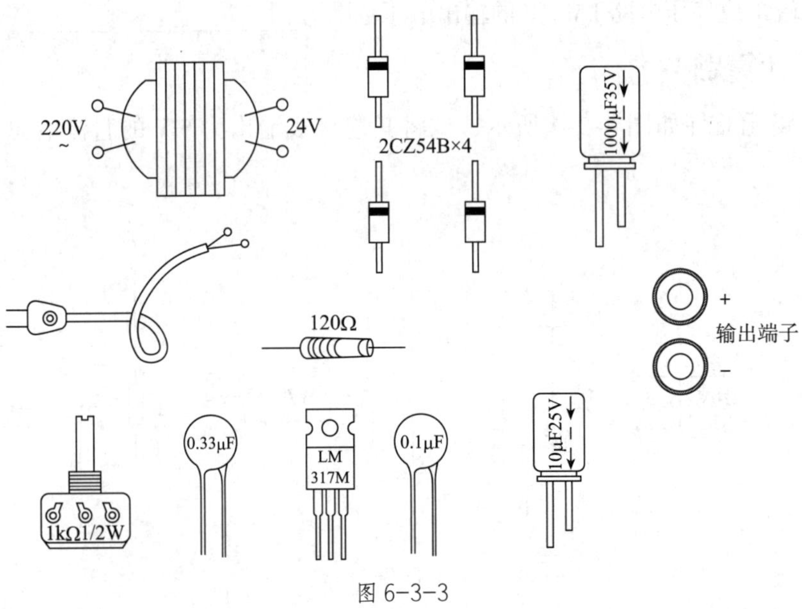

图 6-3-3

§6-4　开关型稳压电源

一、填空题

1. 开关型稳压电源按控制方式可分为____________和____________两种。

2. 目前开发使用的开关型稳压电源绝大多数为______________型。

3. __________开关电源是成本最低的电源电路。

4. 自激式开关电源是一种利用______________组成的开关电源。

5. 线性稳压电源的调整管工作在________状态，开关式稳压电源的调整管工作在________状态。

6. 开关型稳压电源比线性稳压电源效率______。

二、选择题

1. 在开关电源工作方式中，(　　)开关方式既经济又实用。

A. 正激式　　B. 推挽式

C. 反激式　　D. 全桥式

2. 自激式开关电源中的开关管的作用是(　　)。

A. 开关　　B. 开关及振荡

C. 振荡　　D. 放大

3. 功率开关部分的主要作用是把直流输入电压变换成(　　)的交流电压。

A. 正弦输出　　B. 方波输出

C. 脉冲输出　　D. 脉宽调制

4. 通信用(　　)实际上是连接市电电网与通信设备之间的电源转换设备。

A. 开关电源　　B. 电池

C. 直流配电屏　　D. 交流市电

5. 单端反激变换电路一般用在(　　)输出的场合。

A. 小功率　　B. 大功率

C. 超大功率　　D. 中小型功率

第七章
数 字 电 路

§7-1 门 电 路

一、填空题

1. 在数字电路中，晶体管被用作________元件，工作在特性曲线的________区或________区。

2. 数字逻辑电路的三种基本逻辑关系是___________、___________和___________，能实现这三种逻辑关系的电路分别是____________、____________和____________。

3. 逻辑门的平均传输延迟时间越少，说明电路的____________________。

4. ________门可以实现线与连接。

5. 要办成某件事，如有若干个条件，只要其中一个条件具备时，此事即可办成，这种逻辑运算是______________，相应的门电路是____________。

6. 三极管作为开关元件工作时，工作在________状态和________状态。

二、选择题

1. 符号“或”逻辑关系的表达式是（　　）。

A. 1+1=2　　B. 1+1=10

C. 1+1=1　　D. 以上都不对

2. 能实现“有 0 出 0，全 1 出 1”逻辑功能的是（　　）。

A. 与门　　B. 或门

C. 非门　　D. 以上都不对

3. 符合表 7-1-1 所示真值表关系的门电路是（　　）。

A. 非门　　　　B. 或门

C. 与门　　　　D. 以上都不对

表 7–1–1　真值表

A	B	Y
0	0	0
0	1	1
1	0	1
1	1	1

4. 能实现“有 0 出 1，全 1 出 0”逻辑功能的是（　　）。

A. 与门　　B. 或门　　C. 与非门　　D. 或非门

5. 符合表 7–1–2 所示真值表关系的门电路是（　　）。

A. 与非门　　B. 或非门　　C. 或门　　D. 与门

表 7–1–2　真值表

A	B	Y
0	0	1
0	1	0
1	0	0
1	1	0

6. 四输入端的 TTL 与非门，在实际使用时如只用其两个输入端，则其他两个输入端都应（　　）。

A. 接高电平　　　　B. 接低电平

C. 悬空　　　　D. 以上都不对

三、问答题

1. 写出下列各门的符号和表达式，并根据输入波形画出输出波形。

（1）或门

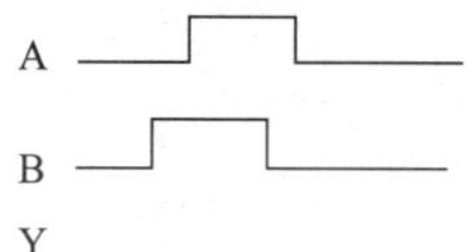

（2）异或门

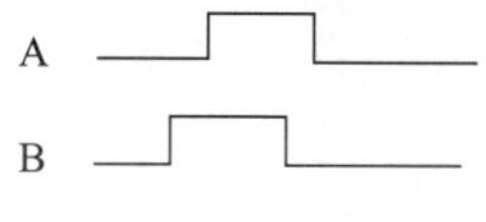

（3）与非门

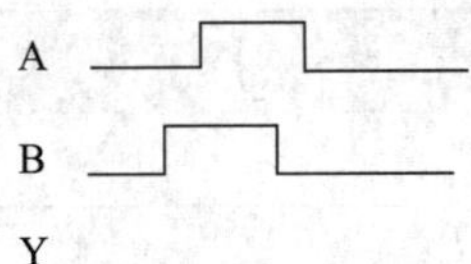

（4）非门

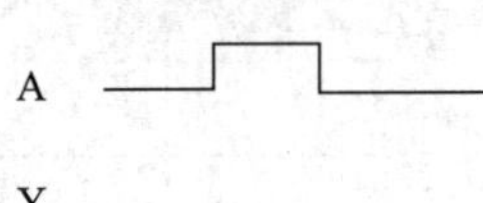

2. 已知某逻辑电路的输入、输出波形如图 7–1–1 所示，试写出它的真值表和逻辑表达式。

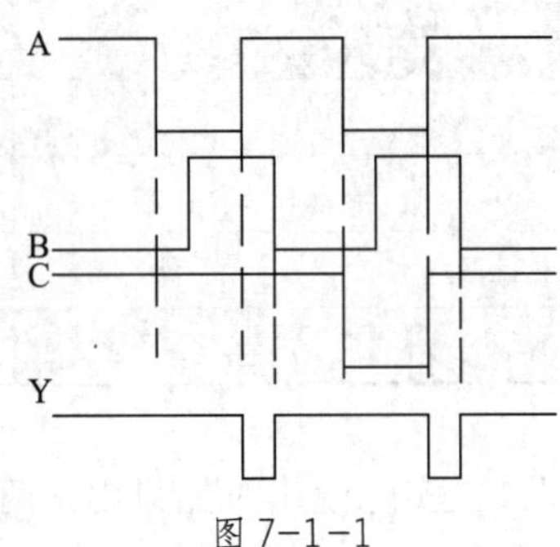

图 7–1–1

§7-2　常用集成组合逻辑电路

一、填空题

1. 完成下列数制转换

（1）$(10011)_2$=（__________）$_{8421BCD}$=（________）$_{10}$。

（2）$(01011000)_{8421BCD}$=（________）$_{10}$。

2. 逻辑函数常用的表示方法有__________、______________和______________。

3. 逻辑函数中的最小项，即：______________________，______________________________。

4. $F(ABCD)=A+BC+A\overline{B}\,\overline{C}+D+\overline{A}B\overline{C}D+A\overline{B}CD$ 中的最简式是______________________。

二、选择题

1. 八位二进制数能表示十进制数的最大值是（　　）。

A. 255　　　　B. 248

C. 192　　　　D. 以上都不对

2. 要表示十进制数的十个数码，需要二进制数码的位数是（　　）。

A. 2 位　　　　B. 4 位

C. 3 位　　　　D. 以上都不对

3. 下列表达式中逻辑运算正确的是（　　）。

A. $A+B=A+\overline{A}B$　　　　B. $A+0=0$

C. $AB+C=(A+B)(A+C)$　　　　D. $A+\overline{A}=A$

4. 8421BCD 码 $(0010\quad 1000\quad 0011)_{8421BCD}$ 所表示的十进制数是（　　）。

A. 643　　　　B. 641

C. 283　　　　D. 以上都不对

5. 数字式万用表一般都采用（　　）显示器。

A. LED 数码　　　　B. 荧光数码

C. 液晶数码　　　　D. 以上都不对

三、判断题

1. 组合逻辑电路是由若干个基本逻辑门电路和复合逻辑门电路组成的。　（　　）

2. 任何一个逻辑函数的表达式一定是唯一的。（　　）

3. 逻辑函数化简的意义在于所构成逻辑电路可节省器件，降低成本，提高工作的可靠性。（　　）

4. 在任意时刻，组合逻辑电路输出信号的状态，仅仅取决于该时刻的输入信号状态。（　　）

5. 用 8421BCD 码表示的十进制数字，必须经译码后才能用七段数码显示器显示出来。（　　）

6. 编码器每次可以同时给几个输入信号编码。（　　）

四、问答题

1. 试用逻辑代数的基本定律化简下列各逻辑表达式。

（1）$F=A+ABC+\overline{A}B+\overline{B}C+BCD$

（2）$Y=AB+\overline{A}BC+BC$

（3）$Y=AB+A\overline{B}+\overline{A}B+AB$

（4）$Y=\overline{A}\,\overline{B}C+\overline{A}BC+ABC+AB\overline{C}$

2. 根据逻辑式 $Y=AB+\overline{A}\,\overline{B}$ 列出逻辑状态表，说明其逻辑功能，并画出其用“与非”门组成的逻辑图。若将上式求反，则得出的逻辑式具有何种逻辑功能?

3. 组合逻辑电路如图 7–2–1 所示，已知 A、B、C 是输入变量，Y1 和 Y2 是输出函数，试写出输出函数 Y1 和 Y2 的逻辑表达式，并分析该组合逻辑电路的逻辑功能。

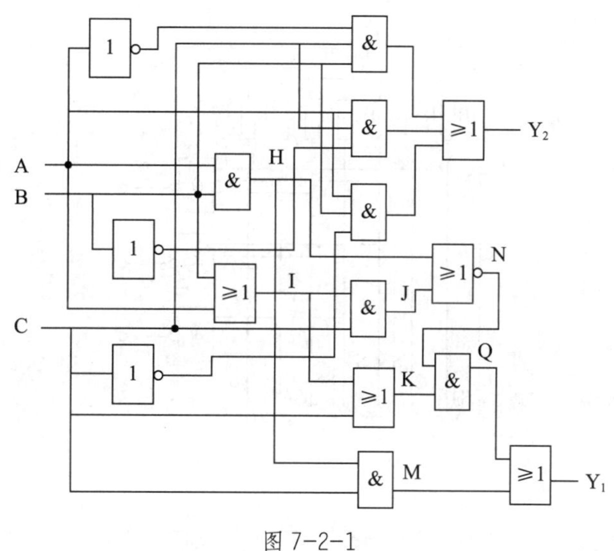

图 7–2–1

4. 试分析图 7-2-2 所示编码器的工作原理并回答下列问题。

（1）这是一个几进制的编码器?

（2）当开关 S6 闭合时，Y_2、Y_1、Y_0 的状态如何?

（3）当开关 S7 闭合时，Y_2、Y_1、Y_0 的状态又如何?

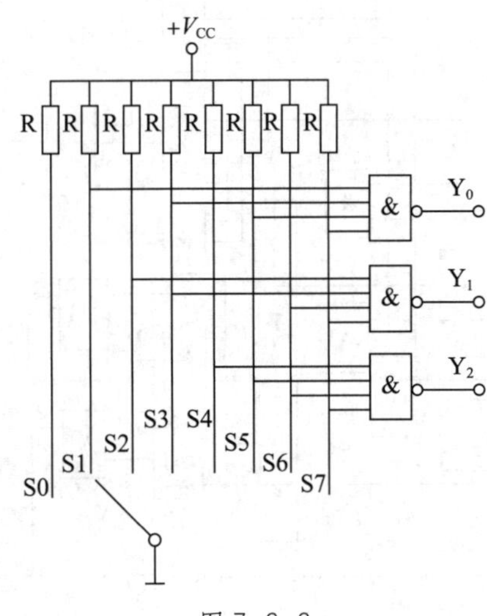

图 7-2-2

§7-3　触　发　器

一、填空题

1. 触发器通常由______电路组成，但其逻辑功能却与之完全不同。

2. 触发器具有__________功能，它在某一时刻的输出不仅____________________________，而且______________________________。

3. 触发器按功能可分为___________、___________、___________和___________触发器。

4. 在触发器电路中，$\overline{S}_D$ 端、$\overline{R}_D$ 端可以根据需要预先将触发器_______或_______，而不受_______控制。

5. 一个触发器有 Q 和 $\overline{Q}$ 两个互补的输出引脚，通常所说的触发器的输出端是指_______，所谓置位就是将输出端置成_______电平，复位就是将输出端置成_______电平。

二、选择题

1. 触发器与组合电路相比较，(　　)。

A. 两者都有记忆能力　　B. 只有组合逻辑电路有记忆能力

C. 只有触发器有记忆能力　　D. 以上都不对

2. 触发器工作时，时钟脉冲作为（　　）信号。

A. 输入　　B. 清零　　C. 抗干扰　　D. 控制

3. JK 触发器在触发脉冲作用下，若 JK 同时接地，其实现（　　）功能。

A. 保持　　B. 置 0　　C. 置 1　　D. 翻转

4.（　　）触发器是 JK 触发器在 J=K 条件下的特殊情况的电路。

A. D　　B. T　　C. RS　　D. 以上都不对

5. 维持阻塞 D 触发器属于（　　）触发器。

A. 高电平　　B. 低电平　　C. 边沿　　D. 以上都不对

三、判断题

1. 触发器在某一时刻的输出状态，不仅取决于当时输入信号的状态，还与电路的原始状态有关。（　　）

2. 将触发器复位后，其两个输出端均为零。（　　）

3. 触发器与组合电路都没有记忆能力。（　　）

4. 触发器只有在 CP 脉冲的边沿才能被触发。（　　）

5. 基本 RS 触发器不仅具有对脉冲信号的记忆和存储功能，而且还具有计数的功能。（　　）

四、问答题

1. 已知与非门组成的基本 RS 触发器的现状态为 Q_n，要求触发器的新状态为 Q_{n+1}，试在表 7–3–1 中填入相应的输入状态。

表 7–3–1

Q_n	Q_{n+1}	RD	SD
0	0		
0	1		
1	0		
1	1		

2. 试根据图 7–3–1 中 A、B 端的输入波形，画出 Y1、Y2、Q 端的波形（设 Q 的初态均为 0）。

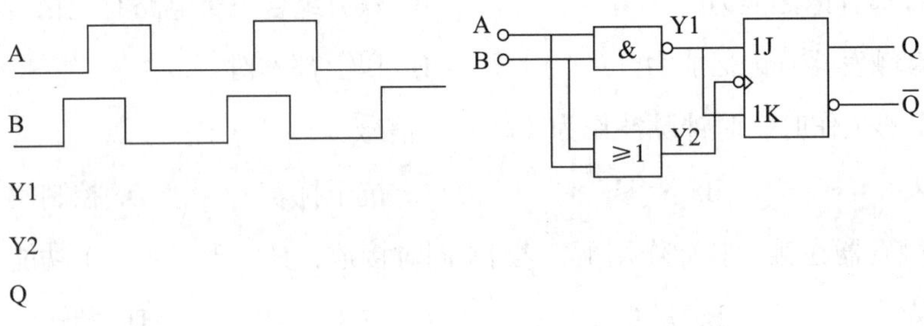

图 7–3–1

§7-4　时序逻辑电路

一、填空题

1. 寄存器可分为______________和______________两大类，主要由__________构成，它具有____________、____________和______原有数码的功能。

2. 在寄存器中，一个触发器可以存放______位二进制代码，要存放 N 位二进制代码，就要有__________个触发器。

3. 寄存器存放数码的方式有____________和____________两种，从寄存器取出数码的方式有____________和____________两种。

4. 计数器的主要作用是对输入脉冲进行________和________。按 CP 控制方式不同可分为________计数器和________计数器；按计数进制不同，可分为__________、________和__________计数器；按计数过程中数字的增减可分为_______________、_______________和______________。

5. 6 位二进制加法计数器所累计的输入脉冲数最大为__________个。

6. 8421BCD 码的二－十进制计数器，当计数状态是________时，再输入一个计数脉冲，计数状态为 0000，然后向高位发送________信号。

二、选择题

1. 构成计数器的基本电路是（　　）。

A. 或非门　　B. 与非门

C. 触发器　　D. 以上都不对

2. 构成一个十进制计数器，至少需要（　　）个触发器。

A. 2　　B. 3　　C. 4　　D. 5

3. 一个计数器的状态变化为 000 → 100 → 011 → 010 → 001 → 000，则该计数器是（　　）进制计数器。

A. 4　　B. 5　　C. 6　　D. 7

4. 一个八进制计数器，第（　　）个脉冲到来后，向高位进一。

A. 7　　B. 8　　C. 9　　D. 10

5. 通常寄存器应具有（　　）功能。

A. 存数和取数　　B. 清零与置数

C. 以上两者皆有　　D. 以上都不对

6. 计数器在电路组成上的特点是（　　）。

A. 有 CP 输入端、无数码输入端

B. 有 CP 输入端和数码输入端

C. 无 CP 输入端、有数码输入端

D. 以上都不对

三、判断题

1. 异步计数器的工作速度一般高于同步计数器。（ ）
2. N 进制计数器可以实现 N 分频。（ ）
3. 移位寄存器每输入一个时钟脉冲，电路中只有一个触发器翻转。（ ）
4. 双向移位寄存器既可以将数码向左移，又可以将数码向右移。（ ）
5. 寄存器是组合逻辑电路。（ ）
6. 数码寄存器只能寄存数码，不能进行移位。（ ）

四、问答题

1. 根据表 7–4–1 画出该时序电路的状态图。

表 7–4–1

Q_3^n	Q_2^n	Q_1^n	Q_3^{n+1}	Q_2^{n+1}	Q_1^{n+1}
0	0	0	1	0	0
0	0	1	0	0	0
0	1	0	1	0	1
0	1	1	0	0	1
1	0	0	1	1	0
1	0	1	0	1	0
1	1	0	1	1	1
1	1	1	0	1	1

2. 分析图 7–4–1 所示电路的逻辑功能，列出状态表（见表 7–4–2），并画出 Q_0、Q_1、Q_2 的波形，设各触发器的初始状态均为 0。

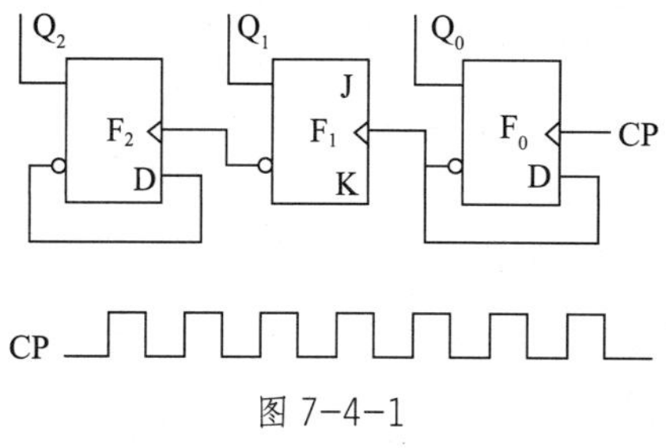

图 7–4–1

表 7–4–2

CP 个数	Q_0	Q_1	Q_2
0	0	0	0
1			
2			
3			
4			
5			
6			
7			
8			

3. 用两片 74LS390 构成 24 进制计数器，画出其电路图。

4. 图 7–4–2 所示为边沿 JK 触发器所组成的数码寄存器，试说明该数码寄存器的工作原理。

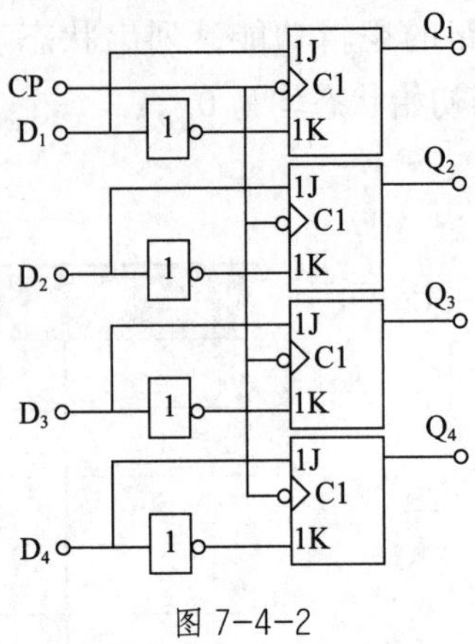

图 7-4-2

5. 图 7-4-3 所示为一个串并行输入、串并行输出移位寄存器，试说明该移位寄存器的工作原理，并根据输入波形画出其输出波形。

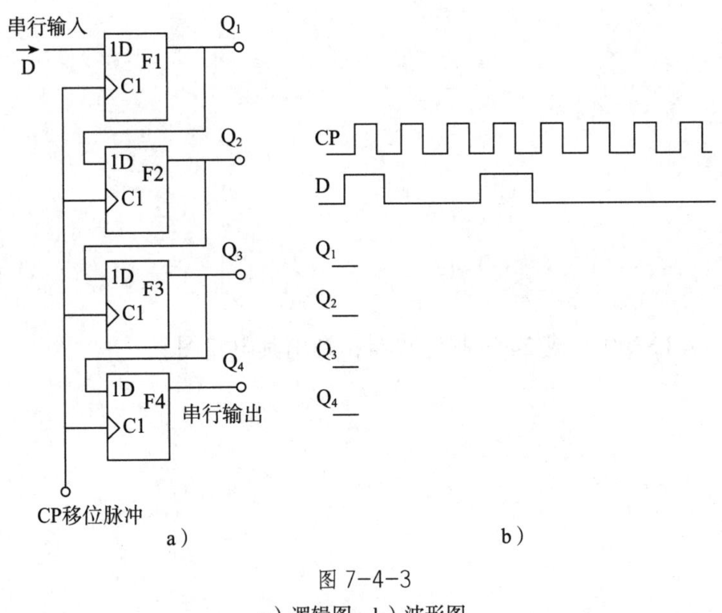

图 7-4-3

a）逻辑图　b）波形图

综合训练（一）

一、填空题（每题 1 分，共 30 分）

1. 电路通常有________、开路和________三种状态，其中________是非正常状态。

2. 已知 U_{AB}=−20 V，U_B=40 V，则 U_A=______ V。

3. 导体的电阻与导体的长度成________比，与导体的横截面面积成______比，还与________________有关。

4. 全电路欧姆定律的内容是：闭合电路中的电流与____________成正比，与______________成反比。

5. 一个标有“220 V/100 W”的灯泡正常发光 20 h 消耗的电能为______度电。

6. 直导体切割磁感线产生的感应电动势方向可用______________判断。

7. 我国交流电的频率是______ Hz，习惯上称为工频，周期是________ s，角频率是__________ rad/s。

8. 二极管的伏安特性是指________和________的关系，当正向电压超过________后，二极管导通。正常导通后，二极管的正向压降很小，硅管约为________ V，锗管约为________ V。

9. 当晶体三极管的发射结______偏、集电结______偏时，工作在放大区；发射结______偏、集电结______偏时，工作在饱和区；发射结______偏、集电结______偏时，工作在截止区。

10. 乙类推挽功率放大电路的________较高，但这种电路会产生一种被称为______失真的特有的非线性失真现象。为了消除这种失真，应当使推挽功率放大电路工作在______类状态。

11. 直流稳压电源是一种当交流电网电压变化时或____________变动时，能保持____________电压基本稳定的直流电源。

二、判断题（每题 1 分，共 15 分）

1. 没有电压就没有电流，没有电流就没有电压。（　　）

2. 金属的电阻随温度升高而增大。（　　）

3. 用电设备正常工作的基本条件是供电电压等于用电设备的额定电压。（　　）

4. 通过电阻上的电流增大至原来的 2 倍时，它所消耗的电功率也增大到原来的 2 倍。（　　）

5. 标有“100 Ω/4 W”和“100 Ω/25 W”的两个电阻串联时，允许加的最大电压是 50 V。

6. 磁场的方向总是由 N 极指向 S 极。（　　）

7. 用万用表的交流电压挡测得交流电压为 220 V，此电压为有效值。（　　）

8. 欧姆定律既可用于直流电路，又适用于交流电路。（　　）

9. 三相负载的相电流是指电源相线上的电流。（　　）

10. 用指针式万用表测量某晶体二极管的正向电阻时，插在万用表标有“+”号插孔中的测试棒（通常是红色棒）所连接二极管的管脚是二极管的正极，另一个电极是负极。（　　）

11. 共发射极放大电路的输出电压和输入电压相位相反。（　　）

12. 射极输出器输入电压小，输出电压大，没有放大作用。（　　）

13. 开关型稳压电源比线性稳压电源效率低。（　　）

14. 双门限电压比较器中的回差电压与参考电压有关。（　　）

15. 乙类功放中的两个功放管交替工作，各导通半个周期。（　　）

三、选择题（每题 1 分，共 20 分）

1. 如果在一个电阻两端加 15 V 电压时，电流为 3 A；那么两端加 18 V 电压，则电流为（　　）A。

A. 1　　B. 3.6　　C. 6　　D. 15

2. 电源电动势为 1.5 V，内阻为 0.22 Ω，负载电阻为 1.28 Ω，电路的电流和端电压分别为（　　）。

A. I=1.5 A，U=0.18 V　　B. I=1 A，U=1.28 V

C. I=1.5 A，U=1 V　　D. I=1 A，U=0.22 V

3. 在家用电器上标注的瓦数是指其（　　）。

A. 用电容量　　B. 实际输出的能量

C. 做功的能力　　D. 做功的效率

4. 标有“12 V/6 W”的灯泡，接入电压为6 V的电路中，通过灯丝的电流为（　　）A。

A. 1　　B. 0.5

C. 0.25　　D. 0.125

5. 由三只相同灯泡组成的电路，如果其中一只灯泡突然熄灭，那么下列说法中正确的是（　　）。

A. 如果电路是串联电路，另外两只灯泡一定正常发光

B. 如果电路是并联电路，另外两只灯泡一定也熄灭

C. 如果电路是串联电路，另外两只灯泡一定也熄灭

D. 以上都不对

6. 交流电的变化越快，说明交流电的频率（　　）。

A. 越高　　B. 越低

C. 无法判断　　D. 以上都不对

7. 一正弦交流电路的电流有效值为3 A，频率为50 Hz，则此交流电路的瞬时值表达式可能是（　　）A。

A. $i=3\sin314t$　　B. $i=3\sqrt{2}\sin314t$

C. $i=3\sin50t$　　D. $i=3\sqrt{2}\sin50t$

8. 串联谐振是指电路呈纯（　　）性。

A. 电阻　　B. 电容

C. 电感　　D. 电抗

9. 发现有人触电时，首先应（　　）。

A. 四处呼救

B. 用手将触电者从电源上拉开

C. 使触电者尽快脱离电源

D. 拨打急救电话

10. 如果晶体二极管的正反向电阻都很大，那么该晶体二极管（　　）。

A. 正常　　B. 已被击穿

C. 内部断路　　D. 以上都不对

11. 工作在放大区的某三极管，如果当I_b从12 μA增大到22 μA时，I_c从1 mA变

为 2 mA，那么它的 β 值约为（　　）。

A. 82　　B. 91

C. 100　　D. 不能确定

12. 场效应管的低频跨导（　　）。

A. 是常数　　B. 不是常数

C. 与栅源极电压相关　　D. 与栅源极电压无关

13. 在放大电路中，为了使工作于饱和状态的三极管进入放大状态，可以（　　）。

A. 减小 I_B　　B. 提高 V_{cc} 的绝对值

C. 减小 R_c　　D. 以上都不对

14. 放大电路和负载之间要做到阻抗匹配，应采用（　　）耦合。

A. 直接　　B. 阻容

C. 变压器　　D. 光电

15. 阻容耦合放大电路（　　）。

A. 只能传递直流信号　　B. 只能传递交流信号

C. 交直流信号都能传递　　D. 不能确定

16. 为了提高振荡频率的稳定度，高频正弦波振荡器一般选用（　　）。

A. 电容三点式振荡器　　B. 电感三点式振荡器

C. 石英晶体振荡器　　D. 以上都不对

17. 串联型稳压电路的调整管工作在（　　）。

A. 截止区　　B. 饱和区

C. 放大区　　D. 以上都不对

18. 八位二进制数能表示十进制数的最大值是（　　）。

A. 255　　B. 248

C. 192　　D. 以上都不对

19. 要表示十进制数的十个数码，需要二进制数码的位数是（　　）。

A. 2 位　　B. 4 位

C. 3 位　　D. 以上都不对

20. 能实现“有 0 出 1，全 1 出 0”逻辑功能的是（　　）。

A. 与门　　B. 或门

C. 与非门　　D. 或非门

四、问答题（共 35 分）

1. 用电流表测量电流时，有哪些注意事项？（5 分）

2. 举例说明电流热效应的利弊。（5 分）

3. 试用相位平衡条件判断综合训练图 1-1 所示电路能否产生正弦波振荡。（6 分）

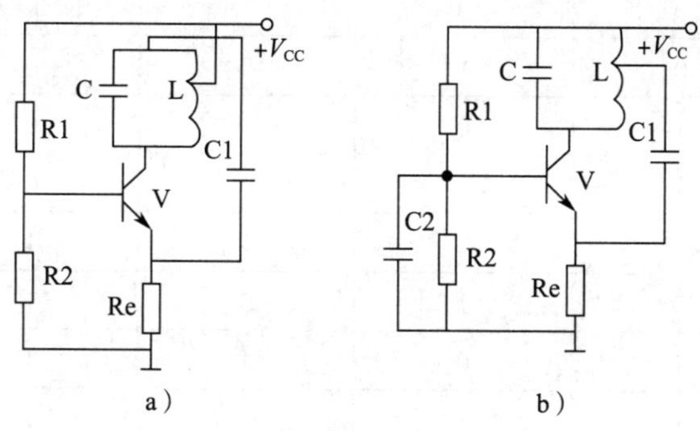

综合训练图 1-1

4. 在线路板上，电源变压器、4个二极管和负载电阻排列如综合训练图1–2所示，如何在4个二极管各个端点接入交流电源和负载电阻实现桥式整流，要求连接完成的电路简明、整齐。（6分）

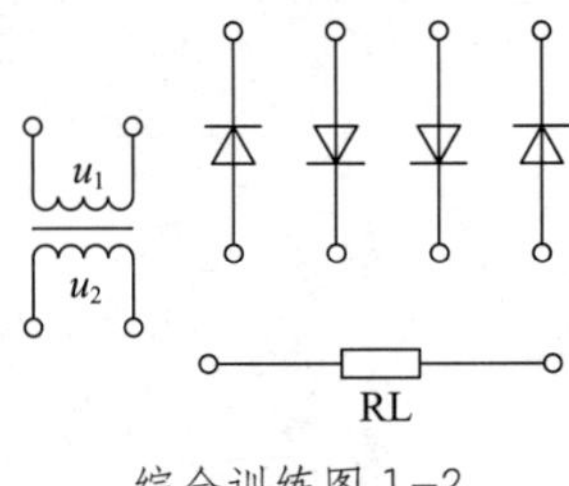

综合训练图1-2

5. 根据综合训练表1–1画出该时序电路的状态图。（6分）

综合训练表1–1

Q_3^n	Q_2^n	Q_1^n	Q_3^{n+1}	Q_2^{n+1}	Q_1^{n+1}
0	0	0	1	0	0
0	0	1	0	0	0
0	1	0	1	0	1
0	1	1	0	0	1
1	0	0	1	1	0
1	0	1	0	1	0
1	1	0	1	1	1
1	1	1	0	1	1

6. 在综合训练图 1–3 所示的运放电路中，R=10 kΩ，U_{i1}=2 V，U_{i2}=−3 V，试计算输出电压 U_o 的值。（7 分）

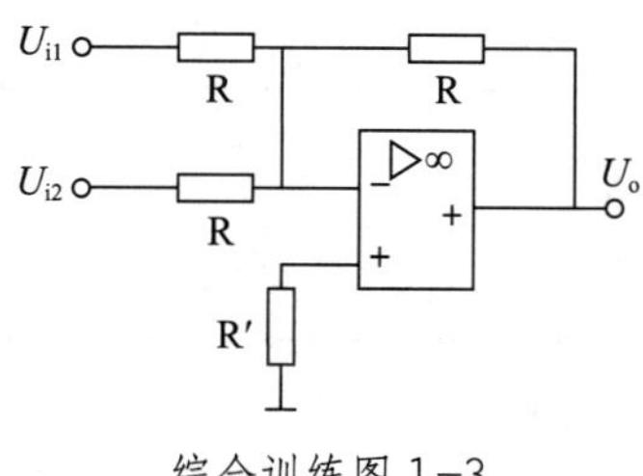

综合训练图 1–3

综合训练（二）

一、填空题（每题 1 分，共 30 分）

1. 电位是指电路中_______与_______之间的电压。电位与参考点的选择_______关，电压与参考点的选择_______关。

2. 已知 U_A=-30 V，U_B=20 V，则 U_{AB}=_______ V。

3. 如综合训练图 2-1 所示，甲、乙分别是两个电阻的 I-U 图，甲电阻阻值为_______ Ω，乙电阻阻值为_______ Ω。当电压为 10 V 时，甲电阻中的电流为_______ A，乙电阻中的电流为_______ A。

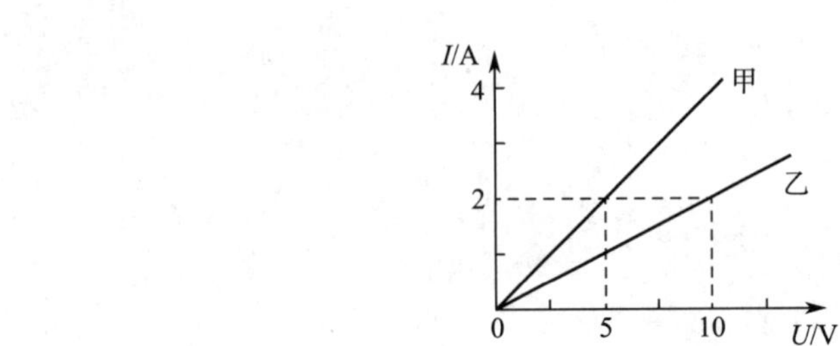

综合训练图 2-1

4. 某台计算机的功率为 200 W，这台计算机工作 5 h 后，耗电为_______度。

5. 在电磁感应中，用___________定律判别感应电动势的方向，用___________定律计算感应电动势的大小，其表达式为_____________。

6. 我国照明电路的有效值是________ V，最大值是________ V。

7. 二极管具有_________性，即加大于开启电压的正向电压时，二极管________；加反向电压时，二极管_____________。一般硅二极管的开启电压约为________ V，锗二极管的开启电压约为________ V。

8. 某晶体三极管的 U_{CE} 不变，基极电流 I_B=30 μA 时，I_C=1.2 mA，则发射极电流 I_E=________ mA，如果基极电流 I_B 增大到 50 μA 时，I_C 增加到 2 mA，则发射极电流 I_E=

__________ mA，三极管的电流放大系数 β=________。

9. 若 OCL 功率放大器的输出波形如综合训练图 2-2 所示，为消除______失真，应适当________功放管的静态。

综合训练图 2-2

10. 利用二极管的____________性，将交流电变成____________的过程称为整流；把直流电中的__________滤除，获得较为平滑的直流电压，这种电路称为__________电路；________电路可以稳定输出电压。

二、判断题（每题 1 分，共 15 分）

1. 电路中某点的电位值与参考点的选择无关。 （　　）

2. 用指针式万用表测量电阻时，每换一次量程都应调零一次。 （　　）

3. 把标有“25 W/220 V”的灯泡接在“1 000 W/220 V”的发电机上，灯泡会被烧毁。 （　　）

4. 功率越大，电流做的功越多。 （　　）

5. 将标有“110 V/40 W”和“110 V/100 W”的两盏白炽灯串联在 220 V 电源上使用，则两盏白炽灯都能安全、正常工作。 （　　）

6. 如果通过某截面的磁通为零，那么该截面的磁感应强度也为零。 （　　）

7. 某白炽灯灯泡上标有“220 V/40 W”，其中 220 V 为最大值。 （　　）

8. 在一个三相负载不对称的低压供电电路中，若相电压为 220 V，则线电压为 380 V。 （　　）

9. 两根相线之间的电压叫作相电压。 （　　）

10. 用指针式万用表欧姆挡的不同量程去测量二极管的正向电阻，其数值是相同的。 （　　）

11. 数字万用表的红表笔插在 VΩ 插孔中，黑表笔插在 COM 标志的插孔中，红表笔所接的是（表内电源）负极，黑表笔所接的是（表内电源）正极。 （　　）

12. 固定偏置放大电路产生截止失真的原因是它的静态工作点设置偏低。 （　　）

13. 射极输出器的输入电阻大，输出电阻小。（　　）

14. 理想集成运算放大器的同相输入端和反相输入端之间存在虚短、虚断现象。（　　）

15. 功率放大器的主要矛盾是如何获得较大的不失真输出功率和较高的效率。（　　）

三、选择题（每题 1 分，共 20 分）

1. 电源电动势是 2 V，内阻是 0.1 Ω，当外电路断路时，电路中的电流和端电压分别为（　　）。

A. 0 A，2 V　　B. 20 A，2 V

C. 20 A，0 V　　D. 0 A，0 V

2. 在上一题中，当外电路短路时，电路中的电流和端电压分别为（　　）。

A. 0 A，2 V　　B. 20 A，2 V

C. 20 A，0 V　　D. 0 A，0 V

3. 1 度电可供“220 V/40 W”灯泡正常发光的时间是（　　）h。

A. 20　　B. 40

C. 45　　D. 25

4. 灯泡 A 为“6 V/12 W”，灯泡 B 为“9 V/12 W”，灯泡 C 为“12 V/12 W”，它们都在各自的额定电压下工作，下列说法中正确的是（　　）。

A. 三只灯泡电流相同　　B. 三只灯泡电阻相同

C. 三只灯泡一样亮　　D. 灯泡 C 最亮

5. 两只额定电压为 220 V 的灯泡，若 A 灯泡的额定功率为 100 W，B 灯泡的额定功率为 40 W，串联后接入电源电压为 220 V 的电路中，此时两只灯泡的实际功率（　　）。

A. $P_A<P_B$　　B. $P_A=P_B$

C. $P_A>P_B$　　D. 不能确定

6. 磁感线上任一点的（　　）方向，就是该点的磁场方向。

A. 指向 N 极　　B. 指向 S 极

C. 切线　　D. 直线

7. 下列关于交流电的说法中正确的是（　　）。

A. 使用交流电的电气设备上所标的电压电流值是指峰值

B. 交流电流表和交流电压表测得的值是电路中的瞬时值

C. 与交流电有相同热效应的直流电的值是交流电的有效值

D. 通常照明电路的电压是 220 V，指的是峰值

8. 对于正弦交流电来说，最大值等于有效值的（　　）倍。

A. $\sqrt{2}/2$　　B. $\sqrt{3}/2$

C. $\sqrt{2}$　　D. $\sqrt{3}$

9. 电流通过人体时，最危险的路径是（　　）。

A. 由左手到右手　　B. 由左手到脚

C. 由右手到脚　　D. 以上都不对

10. 在测量晶体二极管反向电阻时，若用手把管脚捏紧，电阻值将会（　　）。

A. 变大　　B. 变小

C. 不变化　　D. 以上都不对

11. 用直流电压表测量 NPN 型晶体三极管的各极电位是 U_B=4.7 V，U_C=4.3 V，U_E=4 V，则该管的工作状态处于（　　）。

A. 截止状态　　B. 饱和状态

C. 放大状态　　D. 以上都不对

12. 场效应管是用（　　）控制漏极电流的。

A. 栅源极电流　　B. 栅源极电压

C. 漏源极电流　　D. 漏源极电压

13. 直接耦合放大电路（　　）。

A. 只能传递直流信号　　B. 只能传递交流信号

C. 交直流信号都能传递　　D. 不能确定

14. 已知两级阻容耦合放大电路，它们的电压放大倍数分别为 40 和 50，则两级放大电路的电压放大倍数为（　　）。

A. 90　　B. 2 000

C. 900　　D. 不能确定

15. 集成运算放大器工作在非线性区时，其电路的主要特点是（　　）。

A. 具有负反馈　　B. 具有正反馈或无反馈

C. 具有正反馈或负反馈　　D. 不能确定

16. 振荡器的振荡频率取决于（　　）。

A. 供电电源　　B. 选频网络

C. 晶体管的参数　　D. 以上都不对

17. 具有放大环节的串联型稳压电路在正常工作时，若要求输出电压为 18 V，调整管压降为 6 V，整流电路采用电容滤波，则电源变压器次级电压有效值应为（　　）V。

A. 12　　B. 18

C. 20　　D. 24

18. 符合综合训练表 2-1 所示真值表关系的门电路是（　　）。

A. 与非门　　B. 或非门

C. 或门　　D. 与门

综合训练表 2-1　真值表

A	B	Y
0	0	1
0	1	0
1	0	0
1	1	0

19. 触发器与组合电路相比较，（　　）。

A. 两者都有记忆能力　　B. 只有组合逻辑电路有记忆能力

C. 只有触发器有记忆能力　　D. 以上都不对

20. 一个计数器的状态变化为 000 → 100 → 011 → 010 → 001 → 000，则该计数器是（　　）进制计数器。

A. 4　　B. 5

C. 6　　D. 7

四、问答题（共 35 分）

1. 把额定电压为 220 V 的灯泡分别接到 220 V 的交流电源和直流电源上，灯泡的亮度是否有区别?（5 分）

2. 在三相负载不对称的低压供电系统中，在中线上为什么不允许安装开关和熔断器？（5分）

3. 电路元器件如综合训练图 2–3 所示，试将其连接成输出为 5 V 的直流电源（设 U_i 足够大）。（5分）

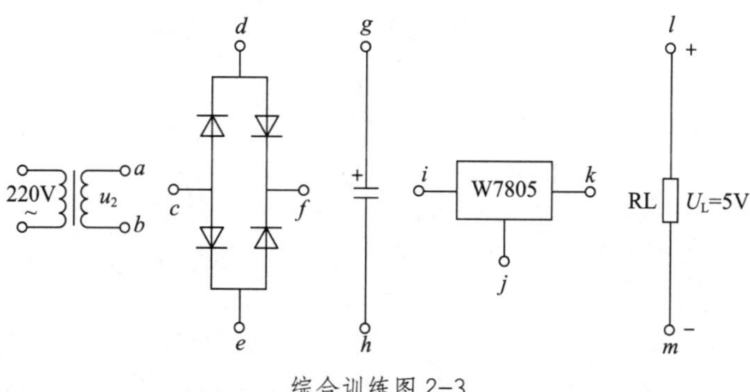

综合训练图 2–3

4. 试根据综合训练图 2–4 中 A、B 端的输入波形，画出 Y1、Y2、Q 端的波形（设 Q 的初态均为 0）。（9分）

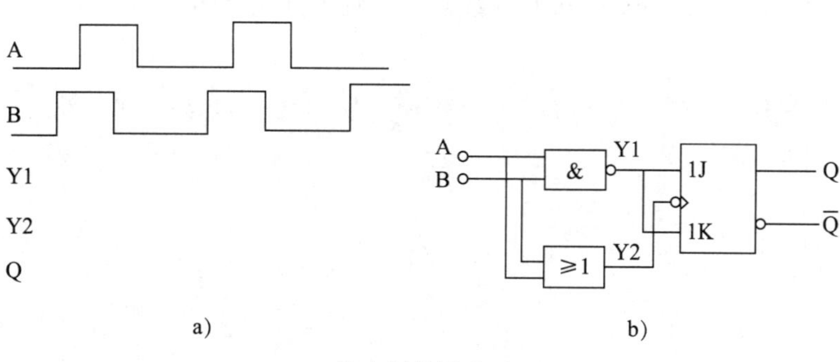

综合训练图 2–4

5. 电路如综合训练图 2–5a 所示，其输入波形如综合训练图 2–5b 所示。画出该电路的传输特性及与 U_i 相对应的 U_o 的波形，$|U_Z|=6$ V。（6 分）

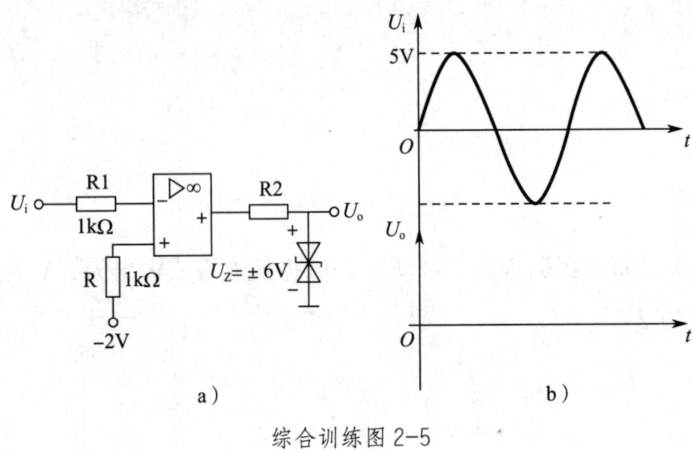

综合训练图 2–5

6. 用两片 74LS390 构成 42 进制计数器，试画出其电路图。（5 分）